U0295978

本丛书得到“上海市应用型本科试点专业建设”经费的支持

电子商务应用型专业系列教材

网络数据爬取与分析实务

李周平 编著

内容提要

本书按照网络数据爬取、数据清洗与处理、数据存储、数据分析的逻辑脉络，介绍了数据科学的相关知识。全书主要内容涉及理论、实战、工具三个层面。其中，理论层面主要介绍了网络爬虫，数据处理与存储，机器学习的相关概念、原理与算法；实战层面主要通过影评、二手房、招聘网站等实战项目，阐述了数据爬取、处理与存储的代码实现，并通过相关数据集的实例，介绍了机器学习算法的实现与效果评估；工具层面主要讲解了如何通过 Python 的 Urllib、Request、BeautifulSoup、Pandas、Scikit-learn 等第三方工具包实现数据的爬取、处理与分析，以及通过 SQLite 这一轻量级数据库工具实现数据的存储。

本书可作为高校开设数据科学相关课程的教学用书，也可供数据科学相关方向初学者的学习参考。

图书在版编目(CIP)数据

网络数据爬取与分析实务 / 李周平编著. —上海：上海交通大学出版社，2018

ISBN 978-7-313-20032-7

Ⅰ.①网… Ⅱ.①李… Ⅲ.①软件工具-程序设计 Ⅳ.①TP311.561

中国版本图书馆 CIP 数据核字(2018)第 196162 号

网络数据爬取与分析实务

编　　著：李周平

出版发行：上海交通大学出版社　　地　　址：上海市番禺路 951 号

邮政编码：200030　　电　　话：021-64071208

出 版 人：谈　毅

印　　刷：常熟市文化印刷有限公司　　经　　销：全国新华书店

开　　本：710mm×1000mm　1/16　　印　　张：16.25

字　　数：301 千字

版　　次：2018 年 9 月第 1 版　　印　　次：2018 年 9 月第 1 次印刷

书　　号：ISBN 978-7-313-20032-7/TP

定　　价：68.00 元

总　序

目前，我国经济社会处于实施创新驱动发展，大力推进产业转型升级，争取全面建成小康社会的关键阶段。加快培养社会紧缺的高层次技术应用型人才，是实现“中国制造 2025”、“互联网+”、“大众创业、万众创新”、“一带一路”建设等国家重大战略或倡议的重要基础。

2014 年，《国务院关于加快发展现代职业教育的决定》提出“采取试点推动、示范引领等方式，引导一批普通本科高等学校向应用技术型高等学校转型”。2015 年，教育部、发改委、财政部联合印发《关于引导部分地方普通本科高校向应用型转变的指导意见》，明确了“试点先行、示范引领”的转型思路。2016 年，中央政府工作报告再次强调推动高校向应用型转变。

以上政策的陆续出台，标志着我国高等教育“重技重能”的时代即将来临，进一步推动应用型本科高校发展成为当前加快高等教育结构改革的重点任务。

近年来，随着电子商务的迅猛发展，很多高校相继开设了电子商务本科专业。但是电子商务专业毕业生仅凭着在校期间学到的专业知识却无法胜任工作，导致该专业就业率偏低，毕业生改投其他方向。出现这一现象的主要原因是学生缺乏充分的、与社会接轨的应用型技能培训。因此，我们根据学科专业的发展以及社会对于应用型电子商务人才的需要，重新规划电子商务人才培养体系，设计出电子商务应用型专业系列教材。

本系列教材的编著力求凸显以下特点：

第一，根据人才市场的需求，重新梳理了电子商务应用型人才所需要的能力。电子商务应用型人才的核心能力包括电商运营能力、数据分析能力和移动应用设计开发能力。其中，电商运营能力为核心基础能力，所有学生都必须具备。后两种能力则可以根据学生的兴趣爱好有所偏重：有志成为电子商务数字化运营人才的学生应着力培养自己的数据分析能力，想投身于移动商务应用规划开发的学生则应着力培养自己的设计开发能力。

第二，以校企合作的方式进行课程教材的编写。每本教材都至少有一家企业参与编写工作。通过与企业合作，吸收和归纳企业的行业经验和实际案例，一方面，提高了教材内容的实用性；另一方面，也帮助企业把隐性知识固化为显性知识。

第三，创新教材形式。本套教材配套了相应的数字化资源，包括了课程的微课、实验项目、实验计划书、案例库、题库和 PPT 课件。

本套教材由多年从事本学科教学、在本学科领域具有比较丰富教学经验的教师担任各教材的编著者，并由他们组成本套教材的编委会，为读者提供以《跨境电子商务实务》《跨平台移动商务网站技术及其应用》《网络数据爬取与分析实务》《移动商务实用教程》等为主体的系列教材。

编撰一套教材是一项艰巨的工作，由于作者水平有限，对于本套教材存在的疏漏和不足之处，真心希望广大读者批评指正，谢谢！

宋文官

上海商学院教授

前　言

随着大数据时代的来临，如何从海量的网络公开数据中的提取信息，并加以处理分析，从而辅助人们的决策，这越来越成为人们关注的焦点。目前，国内与网络数据相关的书籍要么偏重于理论模型的原理介绍，要么过于强调实践项目的应用，同时，这些书籍一般只涉及网络爬虫、数据处理与存储、机器学习的某一个方面，难以满足初学者以及课堂教学的需要。

基于此，笔者按照"数据科学"的核心工作环节来组织本书的知识体系，全书的知识点覆盖数据的获取、处理、存储和分析。期望读者能够通过对本书的学习，尽可能全面地了解真实的网络大数据项目中所涉及的关键流程、算法模型的原理与技术实施的细节。因此，本书更适合作为开设"数据科学"相关课程的教学用书，以及对"网络大数据获取与分析"感兴趣的初学者的参考阅读书目。

本书的主要特色：

(1)本书从理论基础入手，通过完整的实践项目串联起各知识点间的逻辑联系，有助于刚进入该领域的初学者在了解理论基石的基础之上，掌握这些知识点的应用方法。

(2)为了使读者在阅读本书时更容易上手，本书尽可能地省略了相关理论中的数学公式的推导，尽量通俗易懂地说明理论模型的核心思想与实现原理。

(3)本书包含多个完整的实践案例，例如新闻网站、二手房网站、影评网站以及招聘网站的数据爬取、处理与分析。另外，本书的实例与习题也主要来自业内的经典数据集。

(4)考虑到业内实际项目普遍采用 Python 作为开发工具，本书的所有实例均采用 Python 的 Jupyter Notebook 编写实现。

本书的主要内容：

本书共 14 章，主要分为五个部分：

第一部分包括第 1～2 章，介绍了数据科学的相关概念以及 Python 的语法基础，对 Python 熟悉的读者可以跳过第 2 章。

第二部分包括第 3～6 章，主要讲解了网络爬虫的原理，以及如何编写爬虫获取网络数据。

第三部分包括第7～9章，阐述了如何通过Pandas对收集的原始数据进行必要的处理。

第四部分为第10章，介绍了如何通过SQLite这一轻量级的数据库工具存储数据。

第五部分为第11～14章，介绍了机器学习的基础理论以及主要算法的原理与实现方式。

本书尽可能地涉及了数据科学各环节中的基础知识，但作为入门教程以及授课时间的限制，一些重要知识本书并不能完全覆盖，需要读者在进阶课程中进一步学习。由于作者水平与精力有限，书中难免存在一些疏漏之处，恳请读者不吝赐教。

本书的所有源码与相关数据集均已上传至GitHub，访问地址为："https://github.com/ppcool/Data-Crawling-and-Analysing。"

目　录

第 1 章

数据科学概述

2012 年，Thomas H.Davenport 在《哈佛商业评论》发表了一篇题名为《数据科学家：21 世纪“最性感的职业”》的文章，该文正式提出了“数据科学家”的概念，指出数据科学家在徜徉于数据海洋的同时，最重要的是进行探索，他们找出丰富的数据源，并与其他数据源连接，清理、简化运算结果。在充满竞争的世界中，数据科学家能帮助决策者从假设分析转向与数据持续不断的对话。该文预言“数据科学家”将是未来十年“最性感的职业”。

“数据科学”是一门涉及众多知识领域的交叉学科，包括数学、统计学、计算机科学、数据挖掘、机器学习、深度学习、数据可视化等。一个典型的数据科学任务的处理流程包括数据获取、数据处理、数据存储、数据分析等步骤。这样一个既要求精通众多领域理论知识，又需要丰富的实践经验的学科，对于初学者来说无疑是非常困难的。

编写本书的目的是希望从“数据科学”的实战任务入手，以实例形式呈现网络大数据的获取、处理、存储、分析等重要环节，并在实战项目中穿插讲解相关领域的理论知识，从而为初学者理清“数据科学”的处理流程、理论脉络与相关技术。

1.1 什么是数据科学

1.1.1 数据科学的概念

2001 年，统计学教授威廉·克利夫兰提出将统计学向数据科学技术领域拓展的行动计划，首次将“数据科学”作为一个单独的学科。2012 年，《哈佛商业评论》发表了《数据科学家：21 世纪“最性感的职业”》一文之后，“数据科学”这个词为大家所熟知。究竟什么是“数据科学”？学界和业界并没有对“数据科学”的统一定义，一般认为“数据科学”是利用科学方法、处理流程与算法，从结构化与非结构化数据中发现知识与洞见。

为了进一步理解数据科学的内涵，我们将业界一些典型的“数据科学”真实任务总结为如下清单：

（1）预测。基于已有的历史观察数据预测将来的可能值，例如天气预测、经济数据预测等。

（2）分类。基于已有观察样本的分类情况，对未知类型的样本进行分类，例如区分垃圾邮件与非垃圾邮件。

（3）聚类。在没有分类参考数据的情况下，对观察样本进行分组，例如根据顾客消费数据对顾客进行分组。

（4）推荐。根据消费者的历史数据，向消费者推荐其可能感兴趣的商品。

（5）识别。识别图片、音频、视频、文本中的信息，例如人脸识别，又如根据商品评论信息了解顾客对商品的满意程度。

（6）异常检测。从观察样本中识别出异常样本，例如信贷审批、钓鱼网站识别等。

以上清单为业界常见的“数据科学”的任务，这可以帮助我们理解现实世界中，“数据科学”所要解决的实际问题。

1.1.2 数据科学的处理流程

虽然根据不同的目标完成数据科学任务的具体流程有所不同，但绝大部分“数据科学”任务的处理流程可以分为以下最基本的四个步骤。

1. 数据获取

数据获取为“数据科学”任务中的第一个任务，也是最基础的环节。数据获取的数量与质量直接决定了任务完成的效果。目前数据获取的途径主要可以分为三类。

（1）网络数据采集：通过网络爬虫或网站的 API 接口获取网络公开数据，获取的数据大部分为非结构化数据，数据源非常丰富，但采集的数据并不规范，需要进一步处理。

（2）系统日志采集：通过企业业务平台日志系统收集业务日志数据，通过这种方式收集的数据通常为结构化数据，具有较高的可靠性与可用性。目前常用的日志收集系统主要有 Scribe、Chukwa、Kkafka、Flume 等。

（3）数据库采集：通过企业的数据库系统收集企业的业务数据，通过这种方式收集的数据通常为结构化数据，具有较高的规范性、可靠性与可用性。目前企业常用的关系型数据库系统主要包括 SqlSever、MySql、Oracle。除此之外，目前越来越多的企业也开始采用 Redis 和 MongoDB 这样的 Nosql 数据库系统。

与系统日志采集和数据库采集不同，网络数据采集方式以公开的网络数据作为数据源,可采集的数据源丰富且易于实施,本书将重点讲解网络数据采集技术。

2. 数据处理

对采集到的原始数据进行必要的加工整理(清洗、集成、变换、规约),以达到数据分析的规范要求。这个步骤通常是"数据科学"任务周期中最耗时、最枯燥的阶段,但也是至关重要的一个环节。

3. 数据存储

对采集与处理后的数据进行存储,以备数据分析阶段使用。根据不同的数据规模与存储效率的要求,可以将数据存储的方式分为:文本文件存储、关系型数据库存储、非关系型数据库存储,如表 1.1 所示。

表 1.1　数据存储方式

数据存储类型	特　点
文本文件 txt、excel、dat 等	①采用文件形式存储、读写数据,操作方便; ②读写效率不高,不适于大规模数据存储,不支持多用户并行操作
关系型数据库 SQLite、SqlSever、MySql、Oracle 等	①采用二维表形式的关系模型来组织数据的数据库; ②支持 ACID 规则; ③通过 SQL 语言操作数据库非常方便; ④为了维护 ACID 规则,造成读写性能比较差,难以满足海量数据的高效读写需求
非关系型数据库 MongoDb、Redis、HBase 等	①采用分布式方式,使用键值对存储数据; ②读写性能高,数据扩展性好,数据类型灵活; ③不支持 SQL 语言,学习成本较高

4. 数据分析

数据分析阶段的主要任务是根据实际的任务需求,基于收集并进行加工处理后的数据,采用统计、机器学习或深度学习的方法建立、训练并优化模型,并应用模型解决实际任务中的问题。

1.2　数据分析师、数据工程师与数据科学家

随着大数据行业日新月异的发展,数据出现爆发式增长,企业对具有数据处理技能的大数据人才的需求空前高涨。同时,大数据方向的职业分工也日益精细。数据科学家、数据工程师、数据分析师,成为大数据行业炙手可热的三个职

位。这三个职位究竟在企业中负责哪些工作，又需要哪些技能才能胜任？本节将对这三个职位的职位描述与技能要求做一个梳理。希望能够在读者进入数据科学领域之前帮助其了解行业需求，并对自己的学习目标与定位有一个清晰的认识。

1.2.1 数据分析师

大部分重视数据价值的企业，特别是互联网企业基本都设有数据分析师这个职位。根据国内外招聘网站对数据分析师的职位描述，一般认为数据分析师的主要职责是用数据来回答企业所遇到的运营问题，并通过数据化的交流方式帮助企业决策。数据工程师的工作内容一般包括：

（1）清洗、组织未加工的原始数据。

（2）使用统计方法获得数据的全局视图，并发现数据中蕴藏的商业信息。

（3）开发数据可视化产品辅助企业的商业决策。

（4）撰写数据分析报告，并与其他部门就分析结果进行沟通。

企业一般要求数据分析师能够熟练使用一些商业智能工具，例如：Excel，Tableau，SAS，SAP 等。另外，数据分析师在对数据进行统计建模时也会用到一些建模工具，例如：SPSS，RapidMiner 等。

需要说明的是，数据分析师不仅需要掌握这些商业智能和数据处理的技术工具，更重要的是数据分析师应该是高效的沟通者，特别是对于数据技术部门与商业运营部门分离的企业，数据分析师的重要任务是承担沟通这两个团队的职能。

1.2.2 数据工程师

无论是数据分析师还是数据科学家，都需要基于准确可靠、可获取的海量数据才能从事相关的分析工作。数据工程师则负责数据系统的建设、管理与优化，从而保证数据的可接收、可存储、可转换、可访问。一般认为数据工程师是传统软件工程师下的一个细分类别。与数据分析师不同，数据工程师不太关注统计、分析、建模与可视化方面的任务，他们更关注数据的架构、存储与计算。数据工程师的主要工作包括：

（1）日常管理与维护数据系统。

（2）在现有数据系统下建立数据架构，整合管理数据集。

（3）开发数据接口供相关人员使用。

总之，数据工程师的主要职责在于，通过技术手段保证数据科学家和数据分析师专注于解决数据分析方面的问题。数据工程师经常使用的工具集包括：数据库管理系统（SqlSever、MySql、Oracle 等）、分布式计算框架（Hadoop、Spark）以及数据服务开发工具（Java、Python、R）。

1.2.3　数据科学家

数据科学家与数据分析师这两个职位有一定的相似之处，但在解决的任务层面存在较大差别。数据分析师解决的任务一般着眼于利用现有数据发现、解释当前出现的问题，例如解释当期市场销售额为什么下滑、网站用户为什么流失等问题。数据科学家解决的任务更具开放性，他们更专注于利用统计和算法工具预测未来可能出现的问题，例如预测未来企业的销售趋势，什么样的用户可能会流失等问题。另外，与数据分析师不同的是，一般只有在大型的数据驱动型企业才会设立数据科学家这个职位。由于数据科学家更着眼于前沿与开放的任务，对于这样的任务可能并没有现成的数据供其使用，因此，如同前文所介绍的，数据科学家的工作主要包括：

（1）利用一切可能的方法收集数据（数据收集）。

（2）对收集的数据进行清洗、集成、变换、规约（数据分析）。

（3）对收集、处理的数据进行存储（数据存储）。

（4）利用统计、机器学习、深度学习等方法建立模型分析数据（数据分析）。

与数据分析师利用现成的工具软件与某个细分领域的知识就能完成任务不同，数据科学家需要借助更为开放的编程工具，以及数学、概率统计、机器学习等方面的综合知识，才能更深刻地理解数据，从而选择正确的路径解决问题。数据科学家经常使用的工具集包括：编程工具（Python、R、Java）、数据库及数据框架工具（MySql、SqlSever、SQLite、MongoDB、Hadoop、Spark）以及常用的第三方程序包（Scikit-learn、TensorFlow、Pandas、Numpy、Matplotlib、ggplot2、Jupyter、R Markdown）。

第 2 章

Python 语法基础

Python 作为一门语法简练、易学易用、可读性强的计算机语言，其基础语法虽与 C、Basic 和 Java 等语言有许多相似之处，但仍有其独特之处。掌握 Python 基础语法知识，是后续利用 Python 语言编写数据爬虫、进行数据处理与分析的基础。

本章将重点讲解以下几个问题：

■如何搭建 Python 的编程环境？

■Python 语法与 Java 和 C 有哪些不同？

■Python 有哪些主要的数据结构？

2.1 Python 的程序结构

2.1.1 Python 文件类型

Python 主要有 3 种文件类型，分别是源代码文件、字节码文件和优化代码文件。这 3 种文件均通过 Python 解释器解释运行。一般情况下，同一源代码文件编译后生成的字节码文件的大小要小于源代码文件，而通过优化编译生成的优化代码文件的大小要小于或等于字节码文件。本书所编写执行的文件均为以.py 为扩展名的源代码文件。

（1）源代码文件：文件以“.py”为扩展名，由 Python 程序解释，不需要编译，通过集成开发环境编写与调试的就是源代码文件。

（2）字节码文件：文件以“.pyc”为扩展名，该文件是由源代码文件编译成的二进制字节码文件，由 Python 加载执行，但不能通过集成开发环境打开。与源代码文件相比，其执行速度更快，并且可以隐藏源代码。如果需要将 first.py 文件编译为 first.pyc，只需要在 first.py 文件中执行如下代码，便可生成 first.pyc 字节码文件并保存。

```
Import py_compile
Py_compile.complile('文件名')
```

(3)优化代码文件：文件以“.pyo”为扩展名，是优化编译后的程序，以二进制文件存储，该文件同样不能通过集成开发环境打开。如果需要将 first.py 文件编译为 first.pyo，则需要通过命令行工具生成。

2.1.2　包、模块、函数结构

如图 2.1 所示，所编写的 Python 程序由包(Package)、模块(Module)、函数(Function)和类(Class)组成。包是由完成某类特定任务的一系列相关模块组成的集合。模块是处理某一类问题的函数和类的集合。

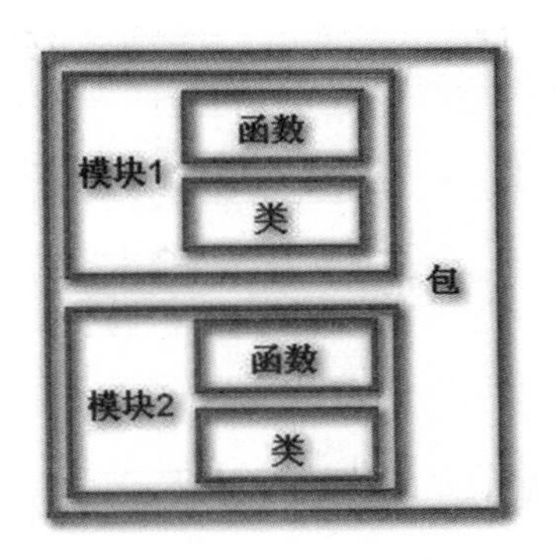

图 2.1　Python 程序结构

进入 Python 安装目录下的 Lib 文件夹，该文件夹下的 urllib 文件夹就是本书后续章节使用的一个包。进入 urllib 文件夹，如图 2.2 所示，其中包含一个 __init__.py文件，该文件的内容可以为空，用于标识当前文件夹是一个包。urllib 包文件夹下还包含 request.py 、response.py 等文件，这些 Python 源代码文件就是模块文件。当然，模块文件也可以不从属于任何包，完全可以自己开发一个模块文件供其他程序调用。

名称	修改日期	类型
__pycache__	2017/8/18 8:47	文件夹
__init__.py	2016/6/26 6:38	PY 文件
error.py	2016/6/26 6:38	PY 文件
parse.py	2016/6/26 6:38	PY 文件
request.py	2016/6/26 6:38	PY 文件
response.py	2016/6/26 6:38	PY 文件
robotparser.py	2016/6/26 6:38	PY 文件

图 2.2　urllib 包文件目录

Python 程序如果需要使用相关模块的类或函数，则首先需要通过 import 语句导入相关模块。例如，需要导入的模块名为 moda，导入该模块的执行逻辑是：Python 解释器首先在程序文件的当前目录查找 moda.py，如果没有找到文件，就会在环境变量 PYTHONPATH 所设置的路径中查找；如果还没找到，最后才在 Python 安装时设置的默认路径中查找。

引入相应模块后，便可以使用该模块中定义的类和函数，使用 import 语句导入模块主要有以下几种方式：

```
import math                    # 导入 math 模块文件
import math, socket, os        # 同时导入多个模块文件
import urllib                  # 导入 urllib 包下的所有模块文件
from urllib import request     # 导入 urllib 包文件夹下的 request
                                 模块文件
import urllib.request          # 导入 urllib 包文件夹下的 request
                                 模块文件
import pandas as pd            # 导入 pandas 模块并给该模块取别名
```

2.2 Python 编码规范

2.2.1 通过缩进规范编码的层次关系

C 语言和 Java 采用花括号“{}”来表示程序的不同层次结构，而代码缩进在 C 和 Java 中则只是有利于代码阅读的良好编程风格，并不作为强制的语法要求。Python 不使用花括号表示程序层次，而是强制使用“4 个空格”或“Tab 键”的代码缩进来表示程序的层次结构。如下面这段代码在 if 语句中根据变量 a 的值是否为 1，进行不同的 print 操作。其中 print (a)和 print (a+1)两条语句前面分别加了 4 个空格，表示 if 语句的下个层次。

```
a = 2
if a == 1:
    print (a)
else:
    print (a + 1)
```

需要注意的是，Python 对代码缩进的规定不仅是编程风格的要求，而且是必须严格遵守的基本语法。

2.2.2　代码注释

为了说明代码实现的功能及作用，通常通过注释语法对代码进行补充说明。代码的注释部分不参与 Python 解释器的解释运行。Python 的注释主要包括：单行注释、多行注释和中文注释。

1. 单行注释

“#”为单行注释符号。在代码中使用“#”时，该符号右边的任何代码都会被忽略，仅仅当作是注释。示例代码如下：

```
print (a) #打印变量 a 的值
```

2. 多行注释

在代码调试过程中通常需要对多行代码进行注释，这样可以在调试过程中起到跳过该段代码运行的效果。多行注释是使用一对三引号“"""”表示，一对三引号包含的中间代码段将被注释掉。示例代码如下：

```
a = 2
"""
if a == 1:
    print (a)
else:
    print (a + 1)
"""
a = a + 2
```

该段代码在对变量 a 进行赋值后，将跳过中间的 if 条件判断，直接执行 a=a+2 语句。

3. 中文注释

在 Python 编写代码的时候，如果对语句注释时要用到中文，则需要在程序的最上面添加中文注释语句：

```
#coding = utf-8
```

需要说明的是，由于在 Python3 中默认的编码格式为 Unicode 编码，因此在 Python3 编程环境中进行中文注释可以不加以上代码；而在 Python2 中默认使用 ASCII 编码格式，因此必须在程序最顶部加上这一条代码，否则进行中文注释时会报错。

2.2.3 语句的分隔

在 C 语言和 Java 中一条语句的结尾必须加上分号，而 Python 中一条语句结束直接换行即可，不需加分号。但在 Python 中，当多条语句写在同一行时，需要通过分号进行分隔。示例代码如下：

```
a = 1; b = 2; c = a + b
```

需要注意的是，并不是所有写在不同行的代码都表示不同的语句，下面几种情况除外。

（1）一对括号内的语句就可以横跨数行，示例代码如下：

```
a = [1,2,3,5,6,
    12,13,45,67,
    23,45,66,11]
```

这段代码虽然写在三行中，但实际上只是一条赋值语句，中括号括起来的是一个列表常量（在后面的章节中会讲到）。Python 中，像“[ ]，{ }，( )”这样的括号所包含的内容，即使换行也只是一条语句。

（2）如果使用反斜线“\”结尾，语句可以横跨数行，示例代码如下：

```
if a>1 and \
a<4:
    print (a)
```

这段代码中“if a>1 and”和“a<4”中间用反斜杠“\”分隔并写在两行，但它们仍属于同一条语句。这种情况一般适用于语句过长，为便于阅读通过“\”进行换行分隔。

2.2.4 变量赋值及作用范围

与 C 语言不同的是，Python 中的变量在赋值前不需要声明，变量的赋值过程即是对变量的声明，赋值的同时确定变量的类型。与 C 语言相同的是，Python 根据其变量的作用范围，可将变量分为局部变量和全局变量。

（1）局部变量：在某个函数内部定义的变量为局部变量，该变量的作用范围仅限于该函数内部，函数一旦结束，该变量便从内存中清空，其生命周期结束。

(2) 全局变量:在所有函数外定义的变量,通常在文件的顶部定义。Python 中要对全局变量进行操作,需提前通过 global 语句对全局变量进行引用。

如下面的示例代码,if __name__ == "__main__":表示 Python 文件的执行入口函数,类似于 C 语言的 main()函数。在该段代码中定义了两个函数afun()和 bfun(),入口函数调用了这两个自定义函数。需要注意的是,变量 b 为全局变量,afun()和 bfun()函数分别对全局变量进行了引用,而 afun()和 bfun()函数中定义的变量 a 均为局部变量,都只在函数内部有效。

```
b = 2
def afun():
    global b
    a = 1
    a = a + 1
    b = b + 1
    print(a)
    print(b)
def bfun():
    global b
    a = 2
    b = b + 1
    print(a)
    print(b)
if __name__ == "__main__":
    afun()
    bfun()
out:
2
3
2
4
```

2.3 Python 编程环境的搭建

2.3.1 Python 的版本

Python 官网(www.python.org)提供了 Python 3 和 Python 2 两个版本的下载路径。目前常用的 Python 版本为 Python3.5 和 Python2.7。由于 Python3 与 Python2 的内置标准库和第三方库有一定区别,因此,Python3 的编程环境对使用 Python 2 编写的程序并不能完美兼容。目前越来越多的 Python 程序员已经使用 Python 3 系列版本,本书中所有的程序示例都是在 Python 3.5 环境下编写的。

官方网站提供了 Windows、Mac OS、UNIX 三种操作系统下 32 位和 64 位的两个版本安装软件的下载。读者可根据自己操作系统的类型以及位数选择合适的安装软件。需要注意的是,Python 3.5 及以后的版本不再支持 Windows xp 操作系统。

2.3.2 Python 集成开发工具

下载安装 Python 官网提供的安装文件后,操作系统便安装了 Python 解释器、基本的 Python 包和库文件,以及 Python 自带的开发工具 Python shell。Python shell 开发工具简单易用,主要用于交互式开发,即每写一行代码,就可以立刻被运行,能够查看到每行代码运行的结果。在 Windows 环境下运行 Python shell 进行程序的调试有两种模式:IDLE 和 command line(命令行)。

图形界面的 IDLE 和 command line 这两种开发环境,比较适合用来做小程序的测试或演示一些代码的执行效果,并不适合 Python 项目的开发。如果进行项目开发,推荐使用第三方 Python 的 IDE(Integrated Development Environment)集成开发环境。Python 第三方的 IDE 把 Python 代码编辑器与 Python 的运行环境进行了集成,方便易用。本书推荐使用 Python Anaconda 集成开发环境,Python Anaconda 不仅集成了 IPython、Spyder 和 Jupyter Notebook 这些方便易用的开发环境,同时还集成了常用的第三方包。

安装 Python Anaconda 只需进入 Anaconda 官网(https://www.continuum.io/)下载对应版本的安装程序即可。目前 Anaconda 也分为支持 Python 2 与 Python 3 的两个版本系列。选择 Python 版本后,再根据 Windows 操作系统的不同,选择 32 位或 64 位安装程序下载即可。

同时 Anaconda 也集成了丰富的常用工具包,以管理员身份运行 cmd 命令窗口,便可通过 conda 命令对 Python 工具包进行管理,常用的 conda 工具包管理命令包括:

```
conda list                        #查看当前环境下已安装的包;
conda install package_name        #在线安装工具包;
conda update package_name         #更新工具包;
conda remove package_name         #删除工具包;
conda update conda                #更新 conda 工具;
conda update python               #更新 python 版本
```

2.3.3　Jupyter Notebook 的使用

在数据爬取、处理与分析的过程中,常常会有这样的应用场景出现。

场景一:开发人员经常需要对数据进行大量的重复探索工作,同时希望保存不同的探索任务的结果,以备后期的数据分析。

场景二:数据分析人员在完成模型的搭建与分析后,为便于实施人员了解模型的运行过程,需要将整个程序开发的过程以笔记的形式予以呈现。

而 Jupyter Notebook 为这些场景下的需求提供了完美的解决方案。Jupyter Notebook(原名为 Ipython Notebook)是一款开源的 Web 应用,通过该应用工具可以方便地将开发过程中各个步骤的代码及运行结果进行呈现与共享。它支持实时代码、数学方程、可视化程序和标注。

1. 启动 Jupyter Notebook

在 Anaconda 3 程序列表中,单击 Jupyter Notebook 图标,启动 Jupyter Notebook 的 Web 服务器。该操作实质上是在本机运行了一个网站服务,如图 2.3所示。该服务运行后便可以通过在浏览器中输入网址 http://localhost:8888 进入 Notebook 的管理界面。需要注意的是,在 Jupyter Notebook 的开发与编辑过程中,服务器界面不能关闭。

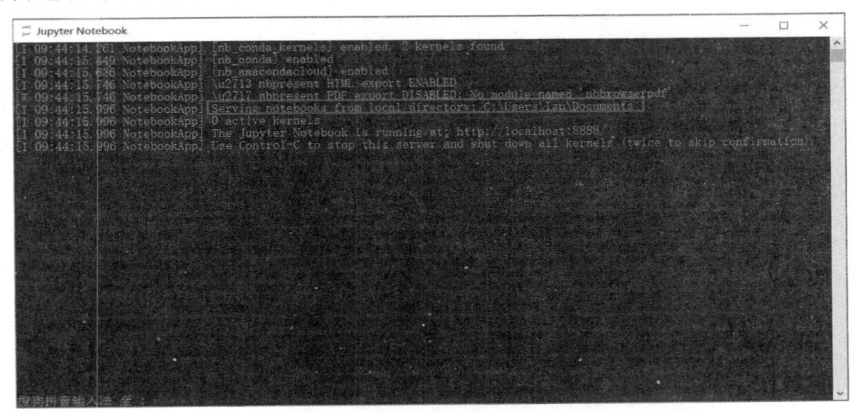

图 2.3　Jupyter Notebook 服务器界面

2. Jupyter Notebook 的编辑

可以通过 New 按钮下的 Python 菜单新建一个笔记本，新建的笔记本文件将以后缀名为“.ipynb”的形式保存在指定目录中，如图 2.3 所示。该示例中，笔记本文件默认保存在 C 盘的用户文件夹下。新建的笔记本文件默认文件名为 Untitled，可单击编辑界面顶部的文件名直接进行修改，如图 2.4 所示。

笔记本文件以 Cell 的形式对 Python 代码块进行编辑管理，每一个 Cell 可以由多行代码构成。单击运行按钮或者执行快捷键“Ctrl＋Enter”将默认运行当前的 Cell(Jupyter 中内置的快捷键可在编辑界面的 help 中查看)，并将运行结果显示在当前 Cell 的下端。Cell 中的输入内容分为代码、标注、原始码和标题，这四种类型可通过下拉列表切换。

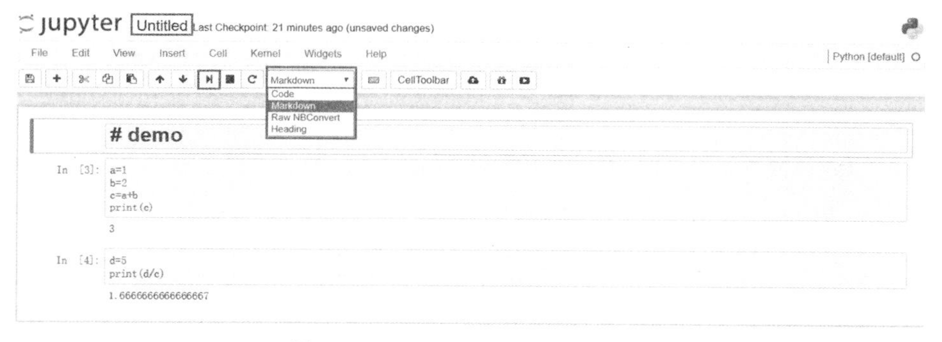

图 2.4　Jupyter Notebook 编辑界面

3. Jupyter Notebook 文件的管理

在 Jupyter Notebook 的管理界面可以对文件进行管理，如图 2.5 所示。单击 New 菜单可以新建笔记本文件、文本文件或文件夹等；单击 Upload 菜单可以上传文件，选择已有文件或文件夹前的复选框，可以删除或重命名已有文件。以上所有对文件的管理工作都会实时同步到本机 Jupyter Notebook 的 Web 服务器的文件目录。当然，也可以直接进入 Jupyter Notebook 的服务器文件目录中，在该文件夹下的任何操作也将同步显示在 Jupyter Notebook 的管理界面。

图 2.5　Jupyter Notebook 管理界面

Jupyter Notebook 目前已成为使用 Python 进行数据分析处理的主流编辑与调试工具。本书后续所有代码的编写与运行结果的呈现都将在 Jupyter Notebook 中实现，也建议本书的读者在学习与代码编写中使用该工具。

2.4　Python 的数据结构

数据结构是计算机存储、组织数据的方式。Python 中有 6 种标准数据类型，分别是数字（Number）、字符串（String）、布尔型（bool）、元组（Tuple）、列表（List）、字典（Dictionary）和集合（Sets）。本节将重点介绍 Python 所特有的并且非常重要的三种数据类型：列表、字典和元组。

2.4.1　列表（List）

列表是 Python 中极其重要的数据类型。它是一个有序、可变长的集合，集合中的元素可以是不同类型的数据。由于列表的长度可变，因此列表支持添加（append）、插入（insert）、修改（update）、删除（delete）等操作。

1. 列表的创建、访问、添加、删除

1）列表的创建

列表是写在方括号“[]”之间、用逗号分隔开的元素集合。列表的格式为[元素 1，元素 2，…]，列表创建的示例代码如下：

```
lista = []
listb = ['track',542,3.14,'class',976.9 ]
listc = [12,'45',[23,56.7,'rob']]
```

lista 为创建的 1 个空列表；listb 中列表元素既有字符串类型也有数字类型；listc 在第 3 个元素中又嵌套了 1 个列表。

2）列表元素的访问

Python 中列表与元组和字符串同为序列数据，对于序列数据的访问都可通过索引的方式实现。示例代码如下：

```
listb = [1,2,3,4,5,6 ]
listb[2]      #读取索引号为 2 的元素，返回值为 3
listb[-2]     #读取倒数第 2 个元素，返回值为 5
list[1:]      #从列表的 1 号索引位置开始读取列表，返回值为[2, 3, 4,
               5, 6]
listb[:3]     #从列表开始读到第 3 号索引位，但不含 3 号索引，返回值
               为[1, 2, 3]
```

```
listb[1:3]   #从列表的 1 号索引读到 3 号索引(不包括 3 号索引),返回
               值为[2, 3]
listb[1:-2]  #从列表的 1 号索引读到倒数第 2 个元素(不包括倒数第 2
               个元素)
listb[2]=8   #将索引号为 2 的元素值修改为 8
```

需要注意的是,序列数据的索引号是从 0 开始编号。

3) 列表元素的添加

向列表中添加元素有 3 种方法,即采用列表对象的 append()、insert()和 extend()方法,向列表中添加元素。

append(object)方法,追加单个元素 object 到列表的末尾,只接受一个参数,参数可以是任何数据类型,被追加的元素在 List 中保持原数据类型。示例代码如下:

```
listb=['track',542,3.14,'class',976.9 ]
listb.append('abc')
listb.append(['ac',12])
```

这段代码通过 2 次 append()方法的操作,分别向 listb 列表末尾添加了 1 个字符串元素与 1 个列表元素。插入后 listb 列表的值为['track', 542, 3.14, 'class', 976.9, 'abc', ['ac', 12]]。

insert(index, object)方法,将元素 object 插入列表中,index 参数为索引点,即插入的位置,第二个参数 object 是要插入的元素。示例代码如下:

```
listb=['track',542,3.14,'class',976.9 ]
listb.insert(2,'abc')
```

通过 insert()方法向 listb 列表的 2 号索引位置插入字符串 'abc',插入后 listb 列表的值为['track', 542, 'abc', 3.14, 'class', 976.9]。

extend(iterable)方法,将列表 iterable 中所有元素依次添加到另一个列表的末尾,只接受一个参数。示例代码如下:

```
lista=[2,45,6]
listb=['a','b']
lista.extend(listb)
```

通过 extend()方法实质上是把 listb 列表中每一个元素按顺序添加到 lista 列表的末尾。插入后 lista 列表的值为[2，45，6，'a'，'b']。

4）列表元素的删除

删除列表中的元素有 2 种方法，可以采用列表对象的 remove()和 pop()方法。

remove(value)方法，将从列表中删除首次出现的值为 value 的列表元素，如果列表中不存在值为 value 的元素，则返回 ValueError 异常。示例代码如下：

```
lista = [2,45,6,'abc']
lista.remove(45)
```

通过 lista 列表的 remove()方法，将列表中值为 45 的元素删除，删除后 lista 的值为[2,6,'abc']。

pop([index])方法，可弹出索引号为 index 的元素，注意弹出操作首先是删除该元素值，同时返回该删除的值。如果不传入 index 参数，默认弹出列表的最后一个元素。

```
lista = [2,45,6,'abc']
a = lista.pop()
```

通过列表对象的 pop()方法将 lista 的最后一个元素弹出并返回给变量 a。代码执行后 lista 的值为[2,45,6]，变量 a 的值为 'abc'。

2. 列表的排序、反转、查找

1）列表的排序

列表的排序有 2 种方法：一种是通过列表对象的 sort()方法；另一种是通过 Python 内建函数 sorted()。

列表对象的 sort(reverse=False)方法，可对列表进行排序，reverse 参数默认值为 False，即升序排列，设置 reverse=True 时，为降序排列。示例代码如下：

```
lista = [2,6,1,7,9]
listb = [5,4,9,12]
lista.sort()
listb.sort(reverse = True)
```

排序后 lista 的值为[1，2，6，7，9]，listb 的值为[12，9，5，4]。

内建函数 sorted(list,reverse=False),对 list 列表排序后返回一个新的列表,注意原列表的顺序不变。reverse 参数默认值为 False,即升序排列;设置 reverse=True 时,为降序排列。示例代码如下:

```
lista = [2,6,1,7,9]
listb = [5,4,9,12]
listc = sorted(lista)
listd = sorted(listb,reverse = True)
```

代码执行后,listc 的值为[1, 2, 6, 7, 9],listd 的值为[12, 9, 5, 4]。注意 lista 与 listb 的值不变。

2) 列表顺序反转

可通过列表对象的 reverse()方法,直接将列表的顺序反转。示例代码如下:

```
lista = [2,6,1,7,9]
lista.reverse()
```

代码执行后,lista 的值为[9, 7, 1, 6, 2]。

3) 列表元素的查找

通过列表对象的 index(value)方法,可查找列表中值为 value 的第一个元素的索引号。示例代码如下:

```
lista = ['track',542,3.14,'class',976.9,3.14 ]
a = lista.index(3.14)
```

代码执行后,变量 a 的值为 2,返回值为 3.14 的第一个元素的索引号。

3. 列表的常用函数和方法

列表的常用内建函数和方法如表 2.1 所示。

表 2.1　列表的常用函数与方法

函数或方法名	功能描述
len(iterable)	函数,返回列表对象的元素个数
max(iterable)	函数,返回列表元素的最大值
min(iterable)	函数,返回列表元素的最小值

（续表）

函数或方法名	功能描述
sorted(iterable,reverse=False)	函数,返回列表排序后的结果,列表值不变
del(list[index])	函数,删除列表中索引号为 index 的值
list.append(object)	方法,在列表末尾添加 object 元素
list.insert(index, object)	方法,在列表索引号 index 处插入 object
list. extend(iterable)	方法,将 iterable 中的元素依次添加到 list 末尾
list. remove(value)	方法,删除列表中第一次出现的值为 value 的元素
list. pop([index])	方法,删除并返回索引号为 index 的元素,默认删除并返回最后一个元素
list.sort(reverse=False)	方法,对列表 list 进行排序
list.reverse()	方法,将列表 list 所有元素反转
list.index(value)	方法,返回值为 value 的第一个元素的索引位置
list. count(value)	方法,统计值为 value 的元素在列表中出现的次数
List.clear()	方法,清空列表内容

2.4.2　字典(Dictionary)

字典是 Python 中另一个非常重要的数据类型。字典为一个无序、可变长的集合,集合中的元素可以存储任意类型的数据。与列表不同的是,字典的每一个元素由一个“键—值”对构成。由于字典的无序性,要引用字典的元素值,必须通过该元素的键来引用。

1. 字典的创建、读取、添加、删除

1) 字典的创建

每个字典元素由“键(key)”和“值(value)”构成。“键”和“值”之间由“:”号分隔,元素之间用逗号分开,所有元素用花括号“{}”括起来,字典的格式为{key1:value1,key2:value2,…}。字典创建的示例代码如下:

```
dica = []
dicb = {'name':'Alex','age':23,'gender':'F','height':175}
dicc = {1:'Olivia',3:'Harry',4:'Kate',2:'Harper'}
dicd = {'C':'Olivia','c':'Harry','B':'Kate','d':'Harper'}
```

dica 为创建的 1 个空字典;dicb 中键为字符串,值既有字符串也有数字;

dicc 中键为数字；dicd 中键是区分大小写的，dicd['C']与 dicd['c']的值不同。

2）字典元素的访问

与序列类型数据结构可直接通过索引号进行访问不同，字典为无序的元素集合，因此，字典只能通过“键”来访问对应的元素值。示例代码如下：

```
dicb = {'name':'Alex','age':23,'gender':'F','height':175}
    print(dicb['gender'])   # 输出键为 'gender' 的元素值
    dicb['age'] = 24         # 将键为 'age' 的元素值修改为 24
```

3）字典元素的添加

与列表不同，字典没有 append()方法，字典的添加通常通过赋值语句实现。示例代码如下：

```
dicb = {'name':'Alex','age':23,'gender':'F','height':175}
dicb['weight'] = 66   # 向字典添加新的键 'weight',元素值为 66
```

4）字典元素的删除

字典没有列表的 remove()方法，字典元素的删除可通过 Python 的内建函数 del(dict[key])实现。与列表类似，字典的 pop(key)方法也可实现元素值的弹出（删除并返回）。示例代码如下：

```
dicb = {'name':'Alex','age':23,'gender':'F','height':175}
del(dicb['name'])        # 删除键为 'name' 的元素值
a = dicb.pop('gender') # 删除并返回键为 'gender' 的元素值
dicb.clear()             # 情况字典
```

2. 字典的常用函数和方法

字典的常用内建函数和方法如表 2.2 所示。

表 2.2　字典的常用函数与方法

函数或方法名	功能描述
len(iterable)	函数，返回字典对象的元素个数
del[dict(key)]	函数，删除字典中键为 key 的元素
dict.clear( )	方法，字典清空
dict.pop(key)	方法，弹出 key 对应的字典元素

（续表）

函数或方法名	功能描述
dict.get(value)	方法，返回 value 对应的 key，若没有 value 则返回 None
dict.items( )	方法，返回一个由元组构成的列表，每个元组包含一个“键—值”对
dict.keys()	方法，返回一个由字典所有键构成的列表
dict.values()	方法，返回字典所有值组成的一个列表
dict.update(dic)	方法，将字典 dic 的所有“键—值”添加到当前字典，并覆盖同名键的值

2.4.3　元组(Tuple)

元组是 Python 基础的数据类型，它为一个有序、定长且不可修改的集合，集合中的元素可以是不同类型的数据。与列表和字典不同的是，由于元组定长，并且不可修改，因此元组只有创建和读取操作，没有添加、插入、修改、删除的相关操作。

1. 元组的创建

元组是写在圆括号内、用逗号分隔开的元素集合。元组的格式为：(元素 1，元素 2，…)，元组创建方法的示例代码如下：

```
ta = (4,5,'bc',4,'tg')
```

2. 元组的读取

与同为序列类型的列表相同，元组中元素值的读取通过索引的方式实现，注意元组的索引从 0 开始编号，这一点和列表相同。

```
ta = [1,2,3,4,5,6 ]
ta[2]     #读取索引号为 2 的元素，返回值为 3
ta[-2]    #读取倒数第 2 个元素，返回值为 5
ta[1:]    #从元组的 1 号索引位置开始读取列表，返回值为[2, 3, 4, 5, 6]
ta[:3]    #从元组开始读到第 3 号索引位，但不含 3 号索引，返回值为[1,
           2, 3]
ta[1:3]   #从元组的 1 号索引读到 3 号索引(不包括 3 号索引)，返回值为
           [2, 3]
ta[1:-2]  #从元组的 1 号索引读到倒数第 2 个元素(不包括倒数第 2 个元
           素)
```

2.5 Python 控制语句

编程语言的控制语句是用来实现对程序的选择、循环、转向和返回等流程的控制。Python 与 C 语言、Java 等的控制语句的概念完全相同，只是语法结构稍有不同而已。本节不再赘述控制语句的原理，将重点介绍 Python 中的条件选择、循环、转向、异常处理等控制语句的语法结构。

2.5.1 条件选择语句

条件语句是通过一条或多条语句的执行结果（True 或者 False），选择所要执行的代码块。Python 中的条件语句分为：双条件分支结构和多条件分支结构。

1. if…else…条件语句

Python 编程中 if…else…语句根据条件是否为真，控制程序的执行选择，基本形式为：

```
if 条件表达式：
    执行语句块 1…
else：
    执行语句块 2…
```

其中“条件表达式”为真时（非零），则执行语句块 1。语句块可以有多行，以缩进来区分表示同一范围。else 为可选语句，如果在条件为假（为零）时，不需要执行任何操作，则可省略 else。if…else…语句的执行流程的示例代码如下：

```
x = input("Please enter an integer：")
if x> = 0：
        print(x)
else：
    print(0)
```

首先通过 input 函数，将输入的值赋值给变量 x，根据变量 x 的值执行不同的条件分支。当 x>=0 的条件表达式为真时，则通过 print()函数输出变量 x 的值；如果条件表达式为假，则输出常数 0。

2. if…elif…else…条件语句

Python 中没有 C 语言的 swithc 语句，因此当条件分支很多时，Python 中可以使用 if…elif…else…语句处理多格条件分支，当然也可以使用 if…else…语句的嵌套。需要注意的是，多条件分支语句，是从上往下判断条件，如果在某个判断上是 True，执行该判断对应的语句后，就忽略掉剩下的 elif 和 else。多条件分支语句的标准形式如下：

```
If 条件表达式 1：
    执行语句块 1…
elif 条件表达式 2：
    执行语句块 2
…
elif 条件表达式 n：
    执行语句块 n
else：
    执行语句块 n + 1….
```

在该语句中，如果条件表达式 1 为真，则执行语句块 1；如果条件表达式 2 为真，则执行语句块 2；同理，当条件表达式 n 为真时，则执行语句块 n。当以上所有条件表达式都不为真时，则执行语句块 n＋1。

2.5.2　循环语句

循环语句是在一定条件下反复执行某段程序的流程结构，被反复执行的程序称为循环体。

1. for 循环语句

Python 的 for 循环语句主要用于依次遍历集合的元素，这些集合可以是列表、字典、元组、字符串等。for 循环的基本形式为：

```
for 变量 in 集合：
    执行语句块 1…
else：
    执行语句块 2…
```

for 循环语句的执行过程为，每次循环依次将集合中的一个元素值赋值给变量，并执行语句块 1，循环结束后执行 else 后的语句块 2。其中，else 子句可以省略。

利用 for 循环语句遍历列表的示例代码如下：

```
lista = [3,5,7,11,13,21,13]
for i in lista:
    if i == 21:
        print("列表中找到 21")
else:
    print("循环结束")
```

该段代码执行过程中,每次循环将列表中的 1 个元素赋值给变量 i,循环内部通过 if 语句,将变量 i 和常量 21 进行比较,注意这里使用了比较运算符"==",而不是赋值语句的"="。当 i==21 的条件满足时,则通过 print()函数输出字符串"列表中找到 21"。需要注意的是,即使条件满足,for 循环仍需遍历所有的列表元素,当遍历完成,执行 else 子句后的语句,输出"循环结束"。

for 循环和 range()函数结合使用,是另一种控制循环次数的有效方法。首先介绍一下 range()函数的用法。

range([start],[step],stop)函数,返回起始值为 start,结束值为 stop(不包括 stop),间隔为 step 的数字列表。注意,start 和 step 参数如果省略,起始值默认为 1,步长默认为 1。示例代码如下:

```
range(-1,2,5)  #返回的列表值为[-1,1,3]
range(5)       #返回的列表值为[0,1,2,3,4,5]
```

for 循环通过 range()函数控制循环次数的示例代码如下:

```
lista = [3,5,7,11,13,21,13]
for i in range(len(lista)):
    lista[i] = lista[i] + 1
```

该段代码中 len[(lista)]返回列表的元素个数,range[len(lista)]则返回列表 lista 的索引列表。在循环中列表 lista 的每个元素在原来的基础上加 1。这种通过 range()函数控制循环次数的用法,在 Python 的编程实践中经常用到。

2. while 循环语句

while 是 Python 的另外一种循环语句,其格式为:

```
while 条件表达式:
    执行语句块 1…
else:
    执行语句块 2…
```

当条件表达式为真时，迭代执行语句块 1；当条件表达式为假时，执行 else 子句后的语句块 2，然后跳出循环。如果省略 else 子句，则当条件为假时，直接跳出循环。

```
lista=[3,5,7,11,13,21,13]
i=0
while i<len(lista):
    lista[i]+=1
    i=i+1
```

该段代码的作用同样是遍历 lista 列表中的每个元素，并给每个元素值加 1。注意与 for 循环不同的是，while 循环中必须通过改变变量 i 的值来控制条件表达式。

3. 循环中转向语句的使用

循环语句中，搭配 break，continue，pass 等语句，可以实现更丰富的功能。这三条语句的具体功能为：

（1）break：跳出当前循环。

（2）continue：跳出本次循环，进行下一次循环。

（3）pass：由于 Python 中循环语句块不能为空，调试时如果希望循环中什么都不做，则需通过 pass 语句占位。

break 语句示例代码：

```
lista=[3,5,7,11,13,21,13]
listb=[]
for i in range(len(lista)):
    if i==4:
        break
    else:
        listb.append(lista[i])
```

该段代码 for 循环的作用是将 lista 中的元素依次添加到列表 listb 中，当遍历到索引号 4 时，跳出 for 循环，后续循环不再执行。代码执行结束，listb 列表的值为[3，5，7，11]。

再来看 continue 语句的使用：

```
lista = [3,5,7,11,13,21,13]
listb = []
for i in range(len(lista)):
    if i == 4:
        continue
    else:
        listb.append(lista[i])
```

与 break 语句不同的是，当遍历到索引号 4 时，continue 语句只是跳出本次循环，后续 for 循环将继续执行。代码执行结束，listb 列表的值为[3, 5, 7, 11, 21, 13]，可以发现 lista[4]并未添加到列表 listb 中。

2.5.3 异常处理语句

1. Python 异常

程序调试和运行过程中出现异常是不可避免的，因此，针对程序运行异常情况的处理语句是任何编程语言必不可少的。异常(Exception)是指超出程序正常执行流程的某些特殊情况。异常机制是指当遇到异常情况时，程序的处理方法。当程序执行过程中出现逻辑错误、内存溢出、I/O 错误等异常情况时，将会触发程序异常机制，并执行相应的异常处理代码。

如果没有编写异常处理代码，异常情况将会被 Python 内置的异常机制捕获，解释器将返回异常情况类型，并终止程序运行。但在数据爬取、处理、分析的过程中，大多数情况下，当遇到异常情况时，我们并不希望程序中断运行，而是希望在进行必要的异常处理后继续运行程序，这就需要 Python 的异常处理语句发挥作用。

Python3 中 Exception 是除 SystemExit(解释器请求退出)、KeyboardInterrupt(用户中断执行)、GeneratorExit(生成器异常退出)之外的所有异常的基础类。Exception 共包含了 42 种 Python 内置的异常子类，比如：MemoryError(内存溢出异常)、ImportError(模块对象导入异常)、IOError(输入输出异常)等。通过 Python 类的继承机制，我们既可以捕捉异常基础类进行统一的异常处理，也可以捕捉各种异常子类进行不同的异常处理。

2. try…except…异常处理语句

try…except…语句，用于处理可能产生异常的语句块。格式如下：

```
try:
    语句块 1
```

```
except [异常类型]:
    语句块 2
except [异常类型]:
    语句块 3
...
```

在 try…except…语句中，首先执行 try 下的语句块 1，如果引发异常，则执行过程会跳到第一个 except 语句。如果 except 中定义的异常与引发的异常匹配，则执行该 except 中的语句，如果引发的异常不匹配第一个 except，则会搜索第二个 except。允许编写的 except 数量没有限制，如果所有的 except 都不匹配，则异常会传递到上一层 try 语句中。

我们来看一个例子：

```
a = 100
b = 0
c = a/b
```

执行该段代码，Python 会抛出以下错误：

```
ZeroDivisionError: division by zero
```

这是 Exception 基础异常类下的 ZeroDivisionError 子类错误，接下来我们编写针对该类错误的异常处理程序。

```
try:
    a = 100
    b = 0
    c = a/b
except TypeError:
    print("类型错误")
except MemoryError:
    print("内存溢出错误")
except:
    print("Exception 异常")
print("异常处理完毕，程序继续执行")
```

该段代码将根据代码块抛出的异常类型，执行相应的异常处理程序。首先执行 try 后面的语句块，该语句块执行后会抛出 ZeroDivisionError 异常。接着匹配第一个 except 语句后的 TypeError 异常，如果还不匹配，继续匹配第二个 except 语句后的 MemoryError 异常，在不匹配的情况下，继续匹配第三个 except 语句。第三个 except 语句没有指定匹配的异常子类，则默认匹配 Exception 异常基础类，显然 Exception 基础类能够匹配其下的 ZeroDivisionError 子类，执行 print("Exception 异常")函数。当异常处理语句执行结束，将继续按流程执行程序语句 print("异常处理完毕，程序继续执行")。

3. try…finally…异常处理语句

Try…finally…语句可以和 try…except…语句结合使用，格式如下：

```
try:
    语句块 1
except [异常类型]:
    语句块 2
except [异常类型]:
    语句块 3
…
finally:
    语句块 n
```

在 try…finally…语句中无论异常有没有发生，都会执行 finally 后的语句块 n。示例代码如下：

```
f = open('d:\\aa.txt')
try:
    while True: # 读文件的一般方法
        line = f.readline()
        if len(line) = = 0:
            break
        print(line)
except:
    print('读写文件错误')
finally:
    f.close() #关闭文件资源
```

在 try 后的语句块将打开 D 盘的 aa 文本文件，并进行逐行遍历。如果读写文件的过程中发生异常，则执行 except 后的语句，但异常处理中并没有关闭文件占用的内存资源。因此在 finally 后的语句块中加入 f.close()，这样无论有没有发生异常，都会关闭因打开文件而占用的内存资源。

4. raise 语句

上面提到的程序示例都是在执行程序时由系统自动抛出的异常，但在某些调试程序时，需要人为地抛出异常，从而观察程序执行的效果。这时可以通过 raise 语句实现人为抛出异常的功能。raise 语句的示例代码如下：

```
try:
    raise
except:
    print('a error')
```

该段代码将在 try 语句中通过 raise 语句抛出一个异常，并通过 except 捕捉该异常。

```
try:
    raise MemoryError
except MemoryError:
    print(' MemoryError')
```

raise 语句还可以指定具体抛出异常的类型。

习题

1. 对于列表 1a=[5,8,12,21,4,6]，编写程序完成如下操作：

(1) 将数值 39 插入列表末尾；

(2) 在元素 21 前插入数值 18；

(3) 将元素 8 的值修改为 6；

(4) 删除值为 21 的元素；

(5) 对列表 1a 进行降序排列；

(6) 输出 1a 列表的后 4 个元素。

2. 列表 1b=[3,6,5,2,12,23,26,23,32],编写程序从 1b 中弹出所有为偶数的元素,并将弹出的元素添加到列表 1c 中。

3. 已知列表 listA=[2,5,'abc',9]与列表 listB=['lis','alx',34,68],编写程序通过两种方法将 listA 和 listB 这两个列表合并。

4. 对于字典 student={ '018051': { 'name': 'Alex', 'age':19, 'score': { 'math':88, 'english': 76, 'chinese': 85 } }, '018056': { 'name': 'Ginni', 'age':18, 'score': { 'math':67, 'english': 89, 'chinese': 69 }}},完成如下操作:

(1) 向字典中添加学号为 '018059' 的同学,该同学的信息为{'name': 'Tom', 'age':19},三门课程的成绩为{ 'math':78, 'english': 69, 'chinese': 72 };

(2) 输出学号为 '018056' 同学的 'chinese' 的成绩;

(3) 向字典中添加课程 'sport' 的成绩,该门课程 '018051' 同学为 89 分, '018056' 同学为 74 分;

(4) 从字典中删除 '018056' 同学的 'age';

(5) 计算字典中所有同学 'english' 课程的平均分。

5. 从键盘输入一个 0～100 之间的整数,判断输入整数的大小。如果该数值>=90,则输出“优秀”;如果在 60～89 分之间,则输出“中等”;如果低于 60,则输出“差”。要求通过 if…else…条件语句的嵌套和 if…elif…else…多分支条件语句两种方法完成。(提示:从键盘输入数据可通过 input 函数实现)

6. 从键盘接收一个字符串,编写程序使用字典这一数据结构统计该字符串中不同字符的个数。

7. 编写程序计算通过 1、2、3 这三个数字能组成多少个互不相同且无重复数字的三位数? 并输出这些数。

8. 编写程序实现 c=a/b 的功能,要求 a 和 b 这两个变量的值通过键盘输入,在程序中通过异常处理语句实现除数为 0 的检测功能,当除数为 0 时,捕捉该异常,并输出提示信息“除数为 0,请重新输入”。

第3章

使用 Urllib 库编写爬虫

Urllib 是一个集成了多个 URL(统一资源定位符)处理模块,对 URL 进行访问、读取、操作、分析的 Python 库。尽管目前与爬虫相关的 Python 第三方库众多,但大部分爬虫库如 Request、BeautifulSoup 都是在 Urllib 库的基础上进行扩展开发的。因此,掌握 Urllib 库的使用是爬虫程序开发的基础。

从本章开始至第 6 章将重点讲解网络爬虫这一数据获取阶段的重要技术。本章将重点讲解以下几个问题:

■什么是网络爬虫?

■使用 urllib.request 模块编写爬虫程序的基本步骤有哪些?

■如何进行 URL 访问的超时设置?

■如何将爬虫伪装成普通浏览器?

■客户端通过 HTTP 协议请求服务器的基本原理是什么?

3.1 网络爬虫概述

如何从海量的互联网在线数据中,快速、高效地发现用户感兴趣的数据,一直是搜索引擎关注的问题。1990 年第一代搜索引擎 Archie 诞生后,Yahoo、Google、百度等搜索引擎均采用通用爬虫技术抓取、检索、存储互联网上的网页数据。通用爬虫的目的是尽可能多且高效地抓取互联网上的各种网页数据,并进行存储与检索。过去似乎只有搜索引擎公司对网络爬虫技术感兴趣,但随着大数据时代的到来,大量的公司与数据从业人员,越来越重视开放的海量互联网数据中蕴含的商业和科研价值。因此,聚焦爬虫技术,近几年被越来越多的公司和个人所重视。与通用爬虫不同,聚焦爬虫是一种针对目标网站或目标主题,按照一定的规则抓取网页数据,过滤出有用信息并加以保存的爬虫技术。

3.1.1 什么是网络爬虫

网络爬虫(Web Crawler)又名网络蜘蛛(Web Spider),是一种自动抓取互联网数据的程序。根据其抓取规则的不同,可以分为通用网络爬虫与聚焦网络爬虫。

1. 通用网络爬虫(Universal Web Crawler)

通用网络爬虫,从一个或若干个初始网页的 URL 开始,获得初始网页上的 URL 列表;在抓取网页的过程中,不断从当前页面上抽取新的 URL 放入待爬行队列,进而通过 URL 访问并下载该页面,直到满足爬虫系统的停止条件为止。

通用网络爬虫主要有以下特征:①因为其抓取的目标资源是整个互联网,所以要求尽可能地覆盖整个网络;②由于其涉及海量的爬取数据,因此通用网络爬虫要求非常高的爬取性能;③时效性要求高,通用网络爬虫要求尽可能及时地反映网络资源的更新状态;④由于爬取范围广、性能要求高,因此通用网络爬虫主要用于专业的搜索引擎,面向不同主题需求的搜索用户。

2. 聚焦网络爬虫(Focused Web Crawler)

聚焦网络爬虫,从一个与主题高度相关的 URL 开始,根据一定的网页分析算法剔除与主题无关的 URL,保留与主题相关的 URL,并将其放入待抓取的 URL 列表中;然后根据一定的搜索策略从队列中选择下一步要抓取的网页 URL,并重复上述过程,直到满足爬虫系统的停止条件。

聚焦网络爬虫,虽然在实现原理上与通用网络爬虫基本相同,但不同的是聚焦爬虫的爬行过程是目标主题驱动的、有选择性地爬行。它根据既定的目标主题,有选择性地访问互联网上的相关资源,搜集所需要的信息。它并不追求网络资源的覆盖率,而将目标定为抓取与某一特定主题内容相关的网页。

由于通用网络爬虫主要涉及搜索引擎技术,不在本书的讨论范围之内。本书所介绍的爬虫技术与后续章节的实例均为聚焦爬虫。

3.1.2 为什么要学习网络爬虫技术

1. 网络爬虫能够帮助我们快速高效地获取互联网数据,极大地丰富数据源

著名咨询公司麦肯锡对大数据给出了一个有意思的定义:无法在可容忍的时间内用传统 IT 技术和软硬件工具对其进行感知、获取、处理和服务的数据集合即为大数据。在当今充斥海量数据的互联网世界中,我们不缺乏数据,但缺乏的是在可容忍的时间内,利用传统 IT 技术与软硬件工具获得并提取知识的能力。网络爬虫技术能够帮助我们快速高效地从开放的互联网数据中,获取我们感兴趣的数据内容,并加以提取和存储,作为进行数据分析的数据源。目前有大量专业的互联网数据采集公司专门从事这一工作。

2. 传统的线下数据采集方法难以真实、客观地反映研究对象

传统意义上的数据收集方法，如问卷调查法、访谈法等，其样本容量小、信度低，并且受经费和地域范围所限，收集的数据往往无法客观反映研究对象。另外，使用问卷调查法收集数据，大多数被调查者因为对问卷问题不了解、不清楚回答方式等，使得反馈数据不准确、不真实，从而影响数据分析结果。而通过爬虫技术能够低成本、高效率、大规模地获取真实、客观反映用户行为的数据。这些数据来自在线社交分享、购物评论等日常数据，更能反映用户的日常行为与心理状态。

3. 搜索引擎优化与网站的反爬虫优化都需要了解网络爬虫技术

搜索引擎优化(SEO)与网站的反爬虫优化是两种相互矛盾的网站技术。搜索引擎优化是一种利用搜索引擎的爬虫规则来提高网站在有关搜索引擎内的自然排名的方式。其主要任务是通过优化网站结构、内容建设、页面设计等，使网站更容易被搜索引擎的爬虫爬取。

但是随着爬虫技术的普及，除了专业搜索引擎网站之外，几乎每个大型门户网站都有自己的搜索引擎，另外一些数据采集的企业也会开发爬虫。一些爬虫的爬取频率比较合理，对网站资源的消耗比较少，但是很多爬虫大量并发的重复爬取，造成网站的访问超载甚至瘫痪。因此，通过对网站的反爬虫优化，屏蔽恶意的网络爬虫也是当前网站优化的重要技术。无论是网站搜索引擎优化，还是网站的反爬虫优化，都需要对网络爬虫技术有一定的认识与了解，这样才能针对不同的网络爬虫开发相应的SEO与反爬策略。

3.1.3　聚焦爬虫的基本原理

聚焦爬虫工作的根本目标是通过编写爬虫程序，从一个或多个初始URL开始，获得符合某个主题的特定网页的URL，再根据这些URL抓取网页的内容，并从中提取有价值的信息，这些信息将用于后续进一步的数据分析。既然网络爬虫的根本目的是爬取目标网页的内容，对于网络爬虫的程序开发人员来说，在编写爬虫程序之前首先需要明确两点：第一，浏览器收到的这些内容是以什么样的数据形式存在的；第二，浏览器以什么样的方式加载这些网页内容。只有明确这两点之后，才能确定爬虫的编写逻辑与数据的提取方法。

1. 网页内容的存在形式

目前，爬虫程序抓取的绝大部分网页的数据可以分为：HTML源码数据、XML数据与JSON格式的数据。

1) HTML源码数据

HTML(超文本标记语言)是构成网页文档的主要语言。HTML组成的描述性文本，说明了文字、图形、动画、声音、表格、链接等在网页中的显示方式。对于爬虫程序来说，HTML 是最为常见也最容易爬取的数据格式。图 3.1 为某网页的 HTML 源码。

但是网页的 HTML 源码中混杂了大量的 HTML 描述性命令，对于爬虫程序来说，其主要任务是从大量的 HTML 命令中过滤出我们感兴趣的数据。因此，对于 HTML 源码格式的数据而言，爬虫程序的难点在于如何从非结构化的 HTML 源码中定位到我们感兴趣的数据，而获取 HTML 源码数据则相对容易。

```html
<html>

<head>
<title>搜狐</title>
<meta name="Keywords" content="搜狐,门户网站,新媒体,网络媒体,新闻,财经,体育,娱乐,时尚,汽车,房产,科技,图片,论坛,微博,博客,视频,电影,电视剧"/>
<meta name="Description" content="搜狐网为用户提供24小时不间断的最新资讯，及搜索、邮件等网络服务。内容包括全球热点事件、突发新闻、时事评论、热播影视剧间。" />
<meta name="shenma-site-verification" content="1237e4d02a3d8d73e96cbd97b699e9c3_1504254750">
<meta charset="utf-8"/>
<meta http-equiv="X-UA-Compatible" content="IE=Edge,chrome=1"/>
<meta name="renderer" content="webkit">
<meta name="viewport" content="width=device-width, initial-scale=1,maximum-scale=1" />
<link rel="icon" href="//statics.itc.cn/web/static/images/pic/sohu-logo/favicon.ico" type="image/x-icon"/>
<link rel="shortcut icon" href="//statics.itc.cn/web/static/images/pic/sohu-logo/favicon.ico" type="image/x-icon"/>
<link rel="apple-touch-icon" sizes="57x57" href="//statics.itc.cn/web/static/images/pic/sohu-logo/logo-57.png" />
<link rel="apple-touch-icon" sizes="72x72" href="//statics.itc.cn/web/static/images/pic/sohu-logo/logo-72.png" />
<link rel="apple-touch-icon" sizes="114x114" href="//statics.itc.cn/web/static/images/pic/sohu-logo/logo-114.png" />
<link rel="apple-touch-icon" sizes="144x144" href="//statics.itc.cn/web/static/images/pic/sohu-logo/logo-144.png" />
<link href="//statics.itc.cn/web/v3/static/css/main-dccfadf978.css" rel="stylesheet"/>
```

图 3.1　网页 HTML 源码

2）XML 数据

XML（可扩展标记语言）也是一种类似于 HTML 的标记语言。但与 HTML 不同的是，XML 是用来描述数据的，XML 的标记不是在 XML 中预定义的，而是由开发者自己定义的标记。可以说 XML 是 HTML 的有益补充，因为 HTML 的设计目标是显示数据，它聚焦于数据在网页上的表现形式；而 XML 的设计目标是描述数据，并聚焦于数据的内容。

为了提高系统服务的灵活性、可扩展性，许多商业网站都尽可能地把商务规则、原始数据和表现形式当作相互独立的服务分别提供。HTML 那种将数据蕴藏于显示之中的方式显然不合乎这种需求。因此，一些网站开发人员会把原始数据存放在 XML 文档中，在 HTML 源码中通过动态调用 XML 文件的 URL 的方式，返回 XML 数据并最终显示在浏览器上。如图 3.2 所示的代码段，XML 数据并未显示在 HTML 源码中，而是通过动态调用的方式返回 XML 格式的数据。对于 XML 格式数据而言，爬虫程序不仅需要像 HTML 一样从 XML 标签中定位出数据，同时也需要关注 XML 数据是以什么样的方式返回给浏览器的。

3）JSON 数据

与 XML 格式类似，JSON（JavaScript Object Notation）也是一种将网页数据与表现形式进行分离的解决方案。与 XML 不同的是，JSON 是一种更加轻量级的数据交换格式，它采用完全独立于编程语言的文本格式来存储和表示数据。

```
<APPLET CODE= "com.ms.XML.dso.XMLDSO.class"
ID= "XMLdso"  WIDTH=0 HEIGHT=0 MAYSCRIPT=TRUE>
<PARAM NAME= "URL"  VALUE= "myXML.XML" >
</APPLET>
```

图 3.2　动态加载 XMl 数据代码段

JSON 格式的数据不需要开发人员自定义标签，其格式类似于 Python 的字典结构，只需要将键与值一一对应即可。

目前越来越多的网站开发人员使用 JSON 格式向浏览器传递数据，其主要原因不仅是因为该格式易于机器解析和生成，能够有效地提升网络传输效率，更重要的是 JSON 数据格式能够使业务系统向浏览器端传递的数据保持一致。Python 爬虫程序能够轻松地将 JSON 格式数据读入字典类型的变量中，但是由于 JSON 数据并不显示在网页的 HTML 源码中，因此，对于爬虫程序来说，难点在于如何获取服务器发送给浏览器的 JSON 数据，而从 JSON 这样的结构化数据中提取信息却非常容易。

2. 浏览器加载网页内容的方式

浏览器加载网页内容的方式，随着 Web 技术的发展而不断演进。因此，要了解目前爬虫程序所爬取的网页内容的加载方式，首先需要了解 Web 技术的发展。

1) HTML+URL+HTTP 基本技术架构的形成

在 Web 技术诞生之初，基于 HTML+URL+HTTP 的 Web 架构就应运而生，即使经过近 30 年的发展，目前我们看到的 Web 网页仍然是基于这样的基本架构。Web 通过 HTML 所规定的标记符号，来标记要显示的网页中的各部分内容。通过 URL 对互联网上的资源的位置和访问方法进行简洁的表示。通过 HTTP(HyperText Transfer Protocol，超文本传输协议)规定了互联网上发布和传输 HTML 的方法。

2) 引入 CSS 与 JavaScript 丰富网页内容

为了使网页在浏览器端有更丰富的显示效果，在 HTML 基础上引入了 CSS 和 JavaScript 技术。通过引入 CSS(层叠样式表)为 HTML 增添了丰富的样式。通过引入 JavaScript 这种直译式脚本语言，给 HTML 网页增加了更为酷炫丰富的动态功能。如图 3.3 所示，其中〈script〉和〈s/cript〉标签之间的代码就是 JavaScript 脚本，含有 id，style，class 这些属性的标签就是 CSS。Web 技术发展至此，又确立了(HTML+CSS+JavaScript)+URL+HTTP 的技术架构，其中 HTML+CSS+JavaScript 进一步丰富了网页内容的表现形式。

```
▶<div id="icast5_c252060_crn" style="font-size: 0px; padding: 0px; border-width: 0px; overflow: hidden; width: 180px; height: 150px;
1201px; top: -31px; margin: 0px; z-index: 10000; line-height: 150px;">…</div>
▶<div id="icast5_c252060_rpl1" style="font-size: 0px; padding: 0px; border-width: 0px; overflow: hidden; width: 60px; height: 18px;
1201px; top: 120px; margin: 0px; z-index: 10000; line-height: 18px;">…</div>
▶<div id="icast5_c252060_cls1" style="font-size: 0px; padding: 0px; border-width: 0px; overflow: hidden; width: 60px; height: 18px;
1321px; top: 120px; margin: 0px; z-index: 10000; line-height: 18px;">…</div>
▶<div id="icast5_c252060_main" style="font-size: 0px; padding: 0px; border-width: 0px; overflow: hidden; width: 0px; height: 0px; vi
-1px; top: 0px; margin: 0px; z-index: 12000; line-height: 646px;">…</div>
▶<iframe id="IO_WEBPUSH4_LOCALCONN_IFRAME" src="https://current.sina.com.cn/theone/IO.WebPush4.localConn.html" style="display: none;
 <div class="real-time-window" style="display: none; position: fixed; left: 0px; bottom: -49px;"></div>
▶<div class="side-btns-wrap" id="SI_Sidebtns_Wrap" style="display: block;">…</div>
 <div id="SteamMediaWrap"></div>
▶<div class="hidden" id="___CrossDomainStorage___" style="position: absolute; left: -100000em; top: -100000em;">…</div>
 <!-- body code begin -->
 <!-- SUDA_CODE_START -->
▶<script type="text/javascript">…</script>
▶<noscript>…</noscript>
 <!-- SUDA_CODE_END -->
 <!-- SSO_GETCOOKIE_START -->
▶<script type="text/javascript">…</script>
 <!-- SSO_GETCOOKIE_END -->
▼<script type="text/javascript">
   new function(r,s,t){this.a=function(n,t,e){if(window.addEventListener){n.addEventListener(t,e,false);}else if(window.attachEvent)
   {n.attachEvent("on"+t,e);}};this.b=function(f){var t=this;return function(){return f.apply(t,arguments);};};this.c=function(){var
   f=document.getElementsByTagName("form");for(var i=0;i<f.length;i++){var o=f[i].action;if(this.r.test(o))
   {f[i].action=o.replace(this.r,this.s);}}};this.r=r;this.s=s;this.d=setInterval(this.b(this.c),t);this.a(window,"load",this.b(funct
   (/http:\/\/www\.google\.c(om|n)\/search/, "http://keyword.sina.com.cn/searchword.php", 250);
 </script>
```

图 3.3 带 CSS 和 JavaScript 的 HTML

3）Ajax 实现网页的异步加载

随着网页内容的日益丰富，网页的数据量也越来越大。最初的浏览器一次性加载网页内容的方式显得有点力不从心。为了解决这一问题，Ajax 技术应运而生，Ajax 使得浏览器与服务器只要进行少量的数据交换，就能实现网页异步更新。这意味着可以在不重新加载整个网页的情况下，就能对网页的某部分进行更新。

正是由于 Web 技术经历以上三个阶段的发展，目前爬虫程序在抓取网页内容时，也将主要面对三种不同的网页内容加载方式。

(1) HTML＋CSS。在这种方式下，网页内容与展示效果通过 HTML 与 CSS 全部写入 HTML 源码中。这种情况下，爬虫程序只要获取 HTML 源码数据，就能够提取所有在网页上显示的内容。如果网页的所有内容都采用这种方式加载，编写爬虫程序将是一件非常轻松愉快的事情。但是目前越来越多的网页采用 JavaScript 和 Ajax 技术动态加载数据内容。

(2) JavaScript 动态加载。越来越多的 Web 开发人员利用 JavaScript 将内容的显示效果与内容数据本身进行了分离。这种情况下，虽然网页中显示了某些内容，但在 HTML 源码中却看不到相应的内容数据。而这些内容数据是运行 HTML 源码中的 JavaScript 代码动态加载的。通过运行 JavaScript 代码加载的数据格式一般为 JSON 或 XML 数据。对于以 JavaScript 方式加载的内容，爬虫程序需要分析 JavaScript 代码，找到返回数据的 URL 地址及数据返回的参数与方式。

（3）Ajax异步请求。目前越来越多的网页通过Ajax技术，以异步加载的形式显示网页的内容，这也就意味着爬虫程序获取的HTML源码并不是该页面显示的所有内容。与爬取JavaScript的内容类似，这也需要开发人员首先分析Ajax的异步请求，找到返回数据的URL地址及数据返回的参数与方式。

3.2 使用urllib.request模块编写爬虫

3.2.1 Urllib库简介

Urllib库是一个集成了多个URL处理模块，对URL进行访问、读取、操作、分析的Python库。尽管目前与爬虫相关的Python第三方库众多，但大部分爬虫库如Request、BeautifulSoup都是在Urllib库的基础上进行扩展开发的。因此，掌握Urllib库的使用是爬虫程序开发的基础。

在Python3中Urllib库是一个集成了urllib.request、urllib.error、urllib.parse、urllib.robotparser四个URL处理模块的包文件。Urllib库是Python3自带的工具包，不需要另行安装。下面对Urllib库所包含的四个模块功能做一个简单介绍，Urllib库的详细介绍可参考官网：https://docs.python.org/3.5/library/urllib.html。

（1）urllib.request模块：其内置的函数和类主要用于访问URL所指向的网页内容。这是编写爬虫程序爬取网页经常使用的一个模块。

（2）urllib.error模块：Python内置的Exception类并不能捕捉访问URL地址时发生的异常，urllib.error模块则专门用于捕捉爬取网页时产生的各种异常。

（3）urllib.parse：该模块的主要功能是解析URL地址，URL地址由不同的部分构成，该模块提供的函数能够将URL地址字符串拆解为不同的部分，并能够将分解的URL地址进行组合。

（4）urllib.robotparser：合法的爬虫程序应该遵守robots.txt文件中的规则，标准网站都包含一个robots.txt文件，该文件用于声明爬虫能够抓取和禁止抓取的URL内容。urllib.robotparser模块提供了读取、解析、处理网站robots.txt文件的相关方法。

3.2.2 编写第一个爬虫程序

接下来我们将使用urllib.request模块编写第一个爬虫程序，爬取www.baidu.com的网页内容。爬虫程序爬取网页内容，本质上是模拟用户通过浏览器访问网页的整个过程，只不过爬虫程序感兴趣的并不是通过浏览器解析后的网页内容，而是网页内容背后的HTML源码，并从HTML源码中抽取感兴趣的内容。因此，一般爬虫程序爬取网页内容可以概括为三个步骤：

(1) 访问 URL 地址所指向的网页。

(2) 读取网页 HTML 源码。

(3) 解析 HTML 源码,抽取感兴趣的数据。

```
import urllib.request
response = urllib.request.urlopen('http://www.baidu.com')
html = response.read()
print(html)
```

执行以上四行代码便实现了网页访问和读取网页源码这两个步骤。首先通过 import urllib.request 导入本程序要使用的 urllib.request 模块。通过 urllib.request 模块内置的 urlopen 函数,访问百度的网页。将 urlopen 函数返回的 URL 对象赋值给变量 response,至此完成了访问网页的步骤。最后通过 URL 对象的 read()函数,读取 URL 对象的 HTML 源码字符串,并将源码字符串输出。

需要注意的是,response.read()返回的是一个字符串,该字符串为 www.baidu.com 的 HTML 源码,该源码内容可通过右键单击网页,选择"查看网页源代码"浏览。

以上代码通过 print()函数将 HTML 源码输出,当然我们也可利用 Python 的文件操作将 HTML 源码以文本文件的形式保存到本地磁盘,示例代码如下:

```
file0 = open("e:/baidu.txt","wb")
file0.write(html)
file0.close()
```

该段代码将在 E 盘建立一个 txt 文件,并将读取的 HTML 源码保存到该文本文件中。

3.2.3 urlopen()函数超时设置

前一部分在爬取百度网页的实例中,用到了 urllib.request 库的 urlopen()函数,接下来对这个函数的标准格式与参数设置进行详细讲解。

urllib.request.urlopen()函数将根据指定的 URL 地址打开 URL,并返回 URL 对象。函数的标准格式如下:

```
urllib.request.urlopen(url, data = None, [timeout, ] * , cafile = None,
capath = None, cadefault = False, context = None)
```

(1) url:该参数指定需要代开的 URL 地址。

(2) data：指定 Post 提交的表单数据。

(3) timeout：指定访问 URL 地址的超时(单位为秒)，超过时间则返回异常。

(4) cafile 和 capath：用于请求 Https 连接时，指定 CA 证书和证书的路径。

(5) context：该参数为 ssl.SSLContext 类型，用于指定 SSL 连接的设置。

(6) cadefault：该参数在 Python3 中已经不再使用，该参数默认设置为 False。

在爬取网页内容时，经常由于各种原因造成网页返回超时，如果在执行 urlopen() 函数时，不对超时时长进行设置，爬虫程序会一直等待，直到 urlopen()返回结果，这非常不利于爬虫程序执行效率的提升。因此在使用 urlopen()函数时，通常会使用 timeout 参数设置超时时长，并结合前面讲到的 Python 异常处理语句进行超时异常处理。示例代码如下：

```
import urllib.request
try:
    response = urllib.request.urlopen('http://www.sina.com.cn/',
    timeout = 0.01)
    html = response.read()
    print(html)
except Exception as e:
    print(e)
```

本段代码在 try 语句中使用 urllib.request.urlopen()打开并获取新浪首页源码。注意在 urlopen 函数中设置 timeout 参数的值为 0.01 秒，如果通过 urlopen()函数打开新浪首页超过 0.01 秒，程序将会抛出异常。except 子语句通过 Exception 异常类捕获该超时异常，并将具体异常类型赋值给变量 e。由于设置的超时时间很短，该程序访问新浪首页时如发生超时，print()函数会输出错误类型"timed out"。

3.3　修改 User-Agent 属性模拟浏览器访问

3.3.1　认识 HTTP 协议的 User-Agent 属性

一些网站为了控制爬虫程序的访问，对 HTTP 访问请求的 Header(头域)中的 User-Agent 属性进行识别，如果发现 User-Agent 并非正常的浏览器时，便会禁止访问。这也造成我们在使用 urllib.request.urlopen()函数访问 URL 时，经常会遇到返回“403”错误，即禁止访问的情况。这就需要在 urllib.request.urlopen()访问 URL 之前，修改 User-Agent 属性，从而伪装成浏览器进行访问。

首先来认识一下HTTP协议中的User-Agent属性。User-Agent是HTTP协议中Header的一部分。它是一个特殊字符串头，是一种向访问网站提供所使用的浏览器类型及版本、操作系统及版本、浏览器内核等信息的标识。通过这个标识，用户所访问的网站可以显示不同的排版，从而为用户提供更好的体验或者进行信息统计。例如目前大多数网站都是通过User-Agent属性来识别浏览器是PC版还是移动版，从而提供不同的网站排版供其访问。

当前使用的浏览器的User-Agent属性，可以通过浏览器自带的“开发者工具”查看。以谷歌的Chrome浏览器为例，访问任意网站时，按快捷键F12或“Ctrl+Shift+I”，或者单击右键菜单中的“检查”，进入浏览器的开发者模式。如图3.4所示的Chrome浏览器开发者界面，在Network标签页的Headers域子标签中可以查看当前Chrome浏览器的User-Agent属性值。

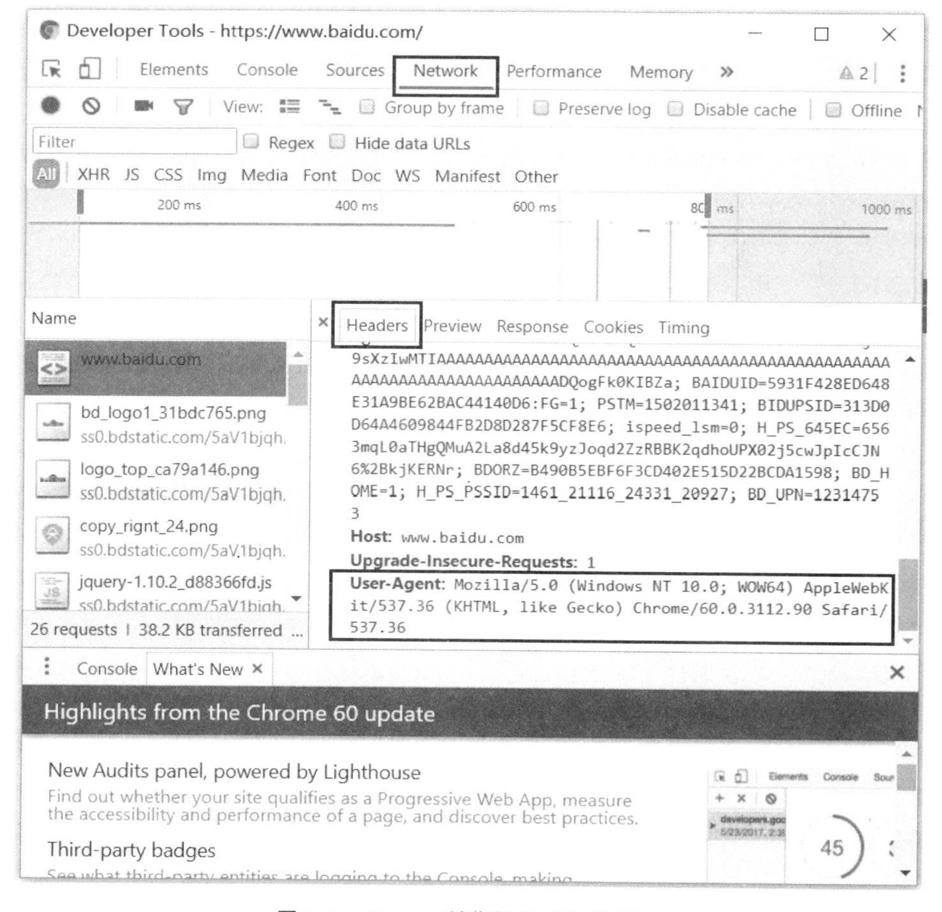

图3.4 Chrome浏览器的开发者界面

3.3.2　修改 User-Agent 属性的方法

通过 urlopen()函数并不能直接修改 User-Agent 属性。需要在 urlopen()访问 URL 之前，通过 urllib.request 模块的 Request()函数修改。urllib.request.Request()将定义并返回一个 Request 对象，该对象定义了一些可以使用客户端检查解析 HTTP 请求的属性和方法。在编写相对复杂的爬虫程序时会经常用到 Request 对象。本节中通过 urllib.request.Request()实例化一个 Request 对象，修改 Request 对象 User-Agent 属性的方法有两种。

1. 在实例化 Request 对象时，修改 Headers 参数

```
import urllib.request
url = 'http://www.baidu.com'
head = {}
head['User-Agent'] = 'Mozilla/5.0 (Windows NT 10.0; WOW64) AppleWebKit/
537.36 (KHTML, like Gecko) Chrome/60.0.3112.90 Safari/537.36'
req = urllib.request.Request(url, headers = head)
response = urllib.request.urlopen(req)
html = response.read()
print(html)
```

该段代码首先定义 head 变量，该变量为字典类型，并向 head 字典添加'User-Agent'键，该键的值为从浏览器开发者界面复制的 Chrome 浏览器的 User-Agent 信息；然后，通过 urllib.request.Request()实例化一个 Request 对象 req，实例化时传入 URL 和 Headers 参数；最后，使用 urlopen()函数访问 URL，此时将 Request 对象 req 作为参数传入 urlopen()函数。

注意在实例化 Request 对象时，urllib.request.Request()中，Request 的首字母必须大写。

2. 通过 Request 对象的 add_header()的方法，添加 Headers

```
import urllib.request
url = 'http://www.baidu.com'
req = urllib.request.Request(url)
req.add_header('User-Agent','Mozilla/5.0 (Windows NT 10.0; WOW64)
AppleWebKit/537.36 (KHTML, like Gecko) Chrome/60.0.3112.90 Safari/537.36')
response = urllib.request.urlopen(req)
html = response.read()
print(html)
```

与第一种方法不同的是，在创建 Request 对象时并没有传入 Headers 参数，而是在实例化 req 后通过 add_header()方法将 Headers 属性添加到 req 对象中。

这两种方法的本质都是为 Request 对象添加 headers 信息。对于 Headers 的具体含义，将在下一节 HTTP 协议中详细解释。

3.4 HTTP 协议详解

3.4.1 HTTP 请求与应答过程

在本章的前几节内容中，通过对 urllib.request 模块的学习，了解了如何通过 urllib.request.urlopen()函数访问 URL，如何通过设置 timeout 参数，如何通过 urllib.request.Request()修改 Request 对象的 Header 信息。但在这些简单的爬虫程序实例中，爬虫向网站服务器传递的数据只有 URL 地址、Headers 信息，如果要编写更加复杂的爬虫程序，仅仅向网站服务器传递这些数据是远远不够的，我们需要与网站服务器进行更加复杂的数据交互。在编写与服务器进行复杂数据交互的爬虫之前，有必要对客户端与服务器进行数据交互的 HTTP 协议有所了解，这将帮助我们更好地理解爬虫程序的运行原理。

HTTP 协议是用于从 WWW 服务器传输超文本到本地浏览器的传输协议。HTTP 协议必须是客户端首先发起请求，然后服务器回送响应。

一次完整的客户端请求与服务器响应的过程，包括以下四个步骤：

(1) 首先客户端与服务器需要建立连接，只要单击某个超级链接，HTTP 协议便开始工作。

(2) 建立连接后，客户端发送一个请求给服务器，请求方式的格式为：请求行 + 请求头 + 数据体。

(3) 服务器接到请求后，给予相应的响应信息，其格式为：状态行+响应头+响应正文。

(4) 客户端接收服务器所返回的信息通过浏览器显示在用户的显示屏上，然后客户端与服务器断开连接。

3.4.2 HTTP 请求格式

HTTP 请求由三部分组成，分别是：请求行、请求头和请求正文。

1. 请求行

请求行表明了客户端向服务器发送请求的方法、请求的资源、HTTP 协议的版本号。请求行以一个方法符号开头，后面跟着请求 URI 和协议的版本，以"CRLF"符号作为结尾。请求行格式如下：

Method Request-URI HTTP-Version CRLF

Method 表示请求的方法；Request-URI 是一个统一资源标识符，标识了要请求的资源；HTTP-Version 表示请求的 HTTP 协议版本；CRLF 表示回车换行。

Method 是请求行包含的最为重要的信息。它指明了客户端向服务器交互信息的方法，这也是爬虫程序模拟浏览器向服务器发送信息的关键。请求方法的主要类型如表 3.1 所示。

表 3.1　HTTP 协议请求的主要方法

方法名	功　　能
GET	请求由 Request-URI 所标识的资源，一般情况下 GET 请求会通过 URL 地址向服务器传送信息
POST	在 Request-URI 所标识的资源后附加需要传送的信息，目前主流网站的登录账号和密码信息都通过 POST 方法传送
HEAD	请求由 Request-URI 所标识的资源的响应消息报头
PUT	请求服务器，存储由 Request-URI 标识的资源
DELETE	请求服务器，删除由 Request-URI 标识的资源

爬虫程序向服务器传送信息最常采用的方法为 GET 和 POST。下一节我们将编写通过 GET 和 POST 方法爬取网站数据的爬虫实例。

GET 方法用于获取由 Request-URI 所标识的资源的信息，当我们通过在浏览器的地址栏中直接输入网址的方式去访问网页的时候，浏览器采用的就是 GET 方法向服务器获取资源。例如通过百度搜索引擎搜索某个关键词时，访问的 URL 地址如下：https://www.baidu.com/s? wd=%E9%B2%9C%E8%8A%B1&rsv_spt=1&rsv_iqid=0xfebbbe1600022a78&issp=1&f=3&rsv_bp=1&rsv_idx=2&ie=utf-8&rqlang=cn&tn=baiduhome_pg&rsv_enter=0&oq=%25E9%25B2%259C%25E8%258A%25B1&rsv_t=c27cZg7t6my0v4BDvycnc71L5tOnN9k9p8Cuj0MFAs%2Fq%2Bp9Bbv92%2FtnRMJx2cz70eSoA&rsv_pq=c02f4455000005a0&prefixsug=%25E9%25B2%259C%25E8%258A%25B1&rsp=0&rsv_sug=1。该 URL 地址就是典型的浏览器通过 GET 方法向服务器传送信息的实例。

POST 方法与 GET 方法唯一的区别就是，POST 方法要求服务器接收附在请求后面的数据。一般浏览器向服务器提交表单时多采用 POST 方法。

2. 请求头

上一节中通过代码 req=urllib.request.Request(url, headers=head)实例化了一个 Request 对象 req,其中参数 headers 实质上就是对 HTTP 请求的请求头部分进行设置。通过浏览器“开发者工具”可以查看访问网站时浏览器的请求头信息,如图 3.5 所示。

```
▼ Request Headers    view source
  Accept: text/plain, */*; q=0.01
  Accept-Encoding: gzip, deflate, br
  Accept-Language: zh-CN,zh;q=0.8
  Connection: keep-alive
  Cookie: BDUSS=EdaeXp2VXIyTnZvWVV2WDVobX5RNzBkY1JEakZ2RHQ2NVgtSURxMFI3ODB0YW
  RaTVFBQUFBJCQAAAAAAAAAAAAEAAABRNTwtcHBjb29sXzIwMTIAAAAAAAAAAAAAAAAAAAAAAAAA
  AAAAAAAAAAAAAAAAAAAAAAAAAAAAAAAAAAAAAAAAAAAAAADQogFk0KIBZa; BAIDUID=5931F42
  8ED648E31A9BE62BAC44140D6:FG=1; PSTM=1502011341; BIDUPSID=313D0D64A4609844
  FB2D8D287F5CF8E6; ispeed_lsm=0; H_PS_645EC=b2ccHedFeh2pQiW3COZTOApTijpvHQK
  BEAgb3gjJdnNDlRyStTpRvuLFqgOUfzJlz1IY; BDORZ=B490B5EBF6F3CD402E515D22BCDA1
  598; BD_CK_SAM=1; PSINO=5; BD_HOME=1; H_PS_PSSID=1461_21116_24331_20927; B
  D_UPN=12314753
  Host: www.baidu.com
  Referer: https://www.baidu.com/
  User-Agent: Mozilla/5.0 (Windows NT 10.0; WOW64) AppleWebKit/537.36 (KHTML,
  like Gecko) Chrome/60.0.3112.90 Safari/537.36
```

图 3.5 访问百度时浏览器发送的请求头信息

HTTP 协议请求头部分的组成如表 3.2 所示。

表 3.2 HTTP 协议请求头组成

构成元素	功能
Accept	客户端可以接受的响应格式
User-Agent	标识客户端浏览器
Accept-Encoding	表明浏览器可以接受的编码方式
Accept-Language	表明浏览器可以接受的语言种类
Connection	用来告诉服务器是否可以维持固定的 HTTP 连接
Cookie	向服务器发送 Cookie

（续表）

构成元素	功　能
Host	表明 URL 中的 Web 名称和端口号
Referer	表明请求的 URL
Content-Type	表明请求的内容类型
Accept-Charset	表明客户端可以接受的字符编码
Accept-Encoding	表明客户端可以接受的编码方式

3. 请求正文

当请求头结束，在请求头和请求正文之间有一个空行，该空行表示请求头结束，请求正文开始。根据请求行和请求头规定的方法与格式，请求正文主要包含客户端提交给服务器的数据信息。

3.5　模拟 HTTP-GET 方法的爬虫

在 3.4 节中我们已经学习了客户端如何通过 HTTP 协议的 GET 方法，向服务器传递数据。本节我们将演示如何编写 GET 爬虫。HTTP-GET 方法用于获取由 Request-URI 所标识的资源的信息，该方法向服务器传递的所有数据都通过网址传输。例如在“知乎”搜索感兴趣的内容时，我们会在搜索栏输入感兴趣的关键词，当在搜索栏输入“Python”时，观察跳转的网址为：https://www.zhihu.com/search? type=content&q=python；当在搜索栏输入“R”时跳转的网址为：https://www.zhihu.com/search? type=content&q=R。显然知乎的“搜索感兴趣的内容”是通过 HTTP 协议的 GET 方法向服务器传递数据的，而且“q”关键字后的信息为搜索关键词。编写模拟 HTTP-GET 方法的爬虫程序，其核心是分析 URL 中传递的数据的意义。

在知乎中抓取“Python”搜索结果页面的示例代码如下：

```
import urllib.request
keyword = 'python'
url = 'https://www.zhihu.com/search? type = content&q = ' + keyword
response = urllib.request.urlopen(url)
html = response.read()
print(html)
```

本段代码的关键是构造 URL,首先将要搜索的关键词赋值给 keyword 字符串变量,在构造 URL 时,"+"的前面部分为"知乎"搜索页面 URL 的固定格式,通过"+"连接 keyword 字符串。最后通过 urllib.request.urlopen()函数访问该 URL。

3.6 模拟 HTTP-POST 方法的爬虫

3.6.1 urllib.request.Request 类

在 3.3 节中通过设置 urllib.request.Request()的 headers 属性修改请求头,从而模拟浏览器访问 URL。本节中将进一步通过 urllib.request.Request()模拟 HTTP 协议的 POST 方法向服务器提交数据。因此,有必要详细了解 urllib.request 模块下的 Request()的功能。

urllib.request.Request()的标准格式及参数设置如下:

```
urllib.request.Request(url,data = None,headers = {},origin_req_host = None,unverifiable = False,method = None)
```

urllib.request.Request()将返回一个 Request 对象,Request 是一个针对 HTTP 协议 URL 请求的对象,主要包含了一些可以使用客户端检查解析 HTTP 请求的属性和方法。通过 Request 对象可以完成几乎所有模拟浏览器向服务器发送 HTTP 请求的操作。Request 对象弥补了 urllib.request.urlopen()函数在访问 URL 时不能向服务器传递数据的不足。urllib.request.Request()参数含义如表 3.3 所示。

表 3.3 urllib.request.Request()参数

参数	功　　能
url	url 为一个包含可用 url 的字符串
data	data 为一个字节对象,指明发送到服务器的附加数据。如果不需要发送数据,可以是 None。当该函数提供 data 参数的时候,Request 对象将用 POST 方法代替 GET 方法
headers	Headers 为一个字典,主要用于设置 HTTP 协议的请求头信息
origin_req_host	该参数表明发出请求的原始主机的计算机名或 IP 地址

（续表）

参数	功　　能
unverifiable	布尔值，指明 RFC2965 定义的请求是否能够进行核实
method	method 参数用于指明 HTTP 协议的请求方法，如 GET，POST 等

3.6.2　POST 请求过程

一些情况下，必须通过用户名和密码登录网站后，才能爬取感兴趣的数据信息。因此模拟用户登录，是编写爬虫程序的常用技术。大部分网站在登录时，使用的都是 HTTP 协议的 POST 方法，以表单形式向网站服务器提交用户名和密码数据。网站在实现用户登录功能时，不使用 GET 方法提交用户名和密码数据，其原因是显而易见的。GET 方法通过在 URL 地址后附加数据，实现向服务器提交数据。如果通过 GET 方法提交数据，势必需要在 URL 后附加用户名和密码，这种将用户名和密码附加在 URL 后的数据提交形式是非常不安全的，任何截取了 URL 地址的人都能知道你的用户名和密码。而 POST 方法在请求正文中，以表单（form）的形式传送用户名和密码，有效地隐藏了隐私信息。

接下来我们通过分析“豆瓣”网站的用户登录页面的 HTML 源代码，了解 HTTP 协议的 POST 请求过程。首先进入“豆瓣”网站的登录网页，如图 3.6 所示。

图 3.6　豆瓣登录网页

在该网页单击鼠标右键，并单击“查看网页源代码”进入该网页的 HTML 源码界面，如图 3.7 所示。

```
119 <form id="lzform" name="lzform" method="post" onsubmit="return validateForm(this);" action="https://accounts.douban.com/login">
120   <div style="display:none;">
121     <img src="https://www.douban.com/pics/blank.gif" onerror="document.lzform.action='https://accounts.douban.com/login'"/>
122   </div>
123   <input name="source" type="hidden" value="index_nav"/>
124     <input name="redir" type="hidden" value="https://www.douban.com/"/>
125     <div id="item-error">
126       <p class="error">帐号不能为空</p>
127     </div>
128   <div class="item-right">
129     <a href="?redir=https://www.douban.com/&amp;source=index_nav&amp;login_type=sms">手机验证码登录</a>
130   </div>
131   <div class="item">
132     <label>帐号</label>
133     <input id="email" name="form_email" type="text" class="basic-input"
134            maxlength="60" value="邮箱/手机号/用户名" tabindex="1"/>
135   </div>
136   <div class="item">
137     <label>密码</label>
138     <input id="password" name="form_password" type="password" class="basic-input" maxlength="20" tabindex="2"/>
139   </div>
140   <!-- qMaKtHe4Dj8 | 114.88.186.100 -->
```

图 3.7　豆瓣登录网页源代码

图 3.7 中第 119 行代码，标示了〈form〉表单的开始位置，该表单提交请求的方法为：method = "post"，表单的请求 URL 为：" action = https://accounts.douban.com/login" 。

```
〈form id = "lzform" name = "lzform" method = "post" onsubmit = "
return validateForm(this);
" action = "https://accounts.douban.com/login">
```

图 3.7 中第 132～134 行代码，在〈input〉标签中，通过 name = "form_email" 标示了账号的属性名为 form_email。

```
〈label〉账号〈/label〉
〈input id = "email" name = "form_email" type = "text" class = "basic-
input"maxlength = "60" value = "邮箱/手机号/用户名" tabindex = "1"/〉
```

图 3.7 中第 137～138 行代码，在〈input〉标签中，通过 name = "form_password"标示了密码的属性名为 form_password。

```
〈label〉密码〈/label〉
〈input id = "password" name = "form_password" type = "password"
class = "basic-input" maxlength = "20" tabindex = "2"/〉
```

通过以上分析，可以发现与绝大部分网站相同，豆瓣的用户登录功能采用的是 HTTP 协议的 POST 请求方法，请求的发送地址为 https://accounts.douban.com/login，表单中登录账号的属性名为 form_email，密码的属性名为 form_ password。

3.6.3　爬虫模拟 POST 登录请求

在上一部分分析了豆瓣网站用户登录页面的 POST 请求过程，接下来我们将通过爬虫程序模拟“豆瓣”网站的用户登录。主要采用 urllib.request.Request()实例化 Request 对象，实现模拟 POST 请求登录。urllib.request.Request()中，通过 URL 参数设置 POST 请求的地址，通过 data 参数提交用户名和密码，通过 headers 参数模拟浏览器访问。

模拟登录的示例代码如下：

```
import urllib.request
import urllib.parse
request_url = 'https://accounts.douban.com/login'
request_data = urllib.parse.urlencode({'form_email':'用户名','form_password':'密码'})
request_data = request_data.encode('utf-8')
request_head = {}
request_head['User-Agent'] = 'Mozilla/5.0 (Windows NT 10.0; WOW64) AppleWebKit/537.36 (KHTML, like Gecko) Chrome/60.0.3112.90 Safari/537.36'
response = urllib.request.Request(url = request_url,data = request_data,headers = request_head)
html = urllib.request.urlopen(response).read()
f1 = open('D:/dou1.html','wb')
f1.write(html)
f1.close()
```

需要注意的是 parse.urlencode()的主要功能是将 POST 方法传递的数据封装成 HTTP 协议所要求的格式。parse.urlencode()函数的参数为字典类型，该字典参数中的键值，正是豆瓣登录网页中用户名和密码的属性值。另外，豆瓣登录页面 POST 方法传递的数据为 'UTF-8' 编码，因此还需要将 request_data 转换成 'UTF-8' 编码。

习题

1. 简述 HTTP 协议由哪几部分构成，以及浏览器访问某 URL 时 HTTP 协议的工作流程。

2. 简述 HTTP 协议 GET 和 POST 两种请求方法的区别。

3. 通过 urllib.request 库编写一个爬取搜狐主页的爬虫，要求通过“User-Agent”属性将爬虫伪装成浏览器，爬取过程中如果超过 0.1 秒还未返回 HTML 代码，则输出“timed out”。

4. 浏览器向某网页发送请求的 headers 信息如图 3.8 所示，通过 urllib 库编写爬虫程序模拟浏览器请求访问该 URL。

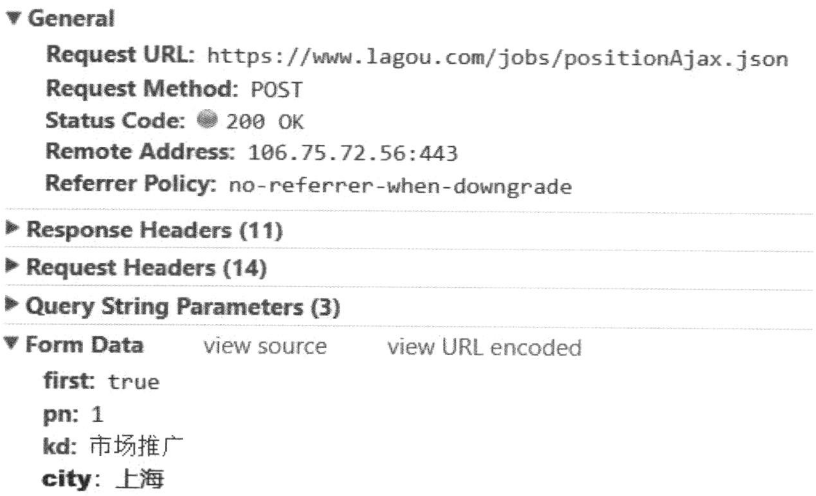

▼ **General**

Request URL: https://www.lagou.com/jobs/positionAjax.json
Request Method: POST
Status Code: 200 OK
Remote Address: 106.75.72.56:443
Referrer Policy: no-referrer-when-downgrade

▶ **Response Headers (11)**

▶ **Request Headers (14)**

▶ **Query String Parameters (3)**

▼ **Form Data** view source view URL encoded

first: true
pn: 1
kd: 市场推广
city: 上海

图 3.8 Request 请求的 headers 信息

第4章

使用正则表达式提取数据

通过上一章的学习，我们了解了如何模拟浏览器通过HTTP协议的各种方法和参数的组合，向Web服务器发送请求，并返回数据的过程。在这个过程中，我们能够获取Web服务器返回的各种类型的数据，其中最常见的数据格式为字符串类型的HTML网页源码。访问URL并获取HTML源码，这只是爬虫程序使命的前两个任务，更重要的任务是从繁杂的HTML网页源码中过滤出我们感兴趣的数据并加以存储。正则表达式正是帮助爬虫程序过滤网页源码的重要工具。

本章将重点讲解以下几个问题：

■什么是正则表达式？

■正则表达式的构成及语法。

■什么是贪婪模式与非贪婪模式？

■Python提供的正则表达式模块。

■爬虫程序如何使用正则表达式过滤HTML中的信息？

4.1 正则表达式原理

正则表达式(Regular Expression)是一种精简且高效的、专门用于处理字符串格式数据的程序语言。它拥有自己的语法系统与处理引擎。许多程序语言都支持正则表达式，例如Java、C#、PHP，Python可通过内置的re模块来调用正则表达式。Python编写的爬虫程序，也主要是通过正则表达式来匹配并过滤HTML网页源代码中的数据。

正则表达式匹配目标字符的执行原理非常简单，执行过程中依次将待匹配的字符串中的字符与正则表达式进行比较，如果每一个字符都相同则匹配成功，并返回目标字符串的位置。开发人员的主要工作是根据需要寻找的目标字符串的样式，编写与之对应的正则表达式。

为了说明正则表达式的匹配原理，我们来看下面一段代码：

```
import re
a = "Tom6734567"
re.search("6734567",a)
re.search("[0123456789]",a)
re.search("\d",a)
re.search("\d+",a)
```

Python 中要使用正则表达式，首先应导入 re 模块。通过 re 模块内置的 search 方法，可以返回目标字符串在字符串 a 中所处的位置。

re.search("6734567",a)，将返回字符串 a 中目标字符串"6734567"所处的位置，其中正则表达式"6734567"使用了普通字符的匹配方式。在已知目标字符串的具体值时，可以通过这种方式匹配。如果只知道要匹配的目标字符串为数字字符，而并不知道其具体的值，这种方法显然行不通，这就需要在正则表达式中引入具有特殊意义的元字符。

代码 re.search("[0123456789]",a)中的正则表达式使用了元字符"[ ]"，该元字符表示"或"的含义。"[0123456789]"表示目标字符为 0 到 9 数字字符的任何一个字符。该行代码会从字符串 a 中找到字符"6"，并返回该字符的位置；而"[0123456789]"的写法太过复杂，正则表达式中可以通过元字符"\d"表示任意一个数字字符，因此代码 re.search("\d",a)同样可以在字符串 a 中返回第一个出现的数字字符"6"。

无论是"[0123456789]"还是"\d"，这两种正则表达式匹配的目标字符只能是任意一个数字字符，如果要匹配任意多个连续的数字字符就需要引入元字符"＋"。代码 re.search("\d＋",a)可以返回字符串 a 中第一次出现的一串连续的数字字符的位置，其匹配的目标字符串为"6734567"。

4.2　正则表达式语法

4.2.1　正则表达式的构成

原子是正则表达式最基本的组成单位，并且每个正则表达式中至少包含一个原子。原子主要由三类字符组成，分别是普通字符、元字符和预定义字符集。

1. 普通字符

普通字符主要包括大小写字母、数字、标点符号等可打印字符，还包括回车符、制表符等非打印字符。非打印字符如表4.1所示。当普通字符作为原子时只能简单地匹配自身。例如:"Tom123"这个正则表达式由6个原子构成,这6个原子均为普通字符,在匹配过程中它能精确地匹配字符串"Tom123",除此之外,普通字符并无其他的特殊含义。

可想而知,在正则表达式中如果仅仅使用普通字符,那它的匹配功能将太过简单,而要写出功能强大且灵活简洁的正则表达式,就需要元字符的帮助。

表4.1　主要的非打印字符

字符	描　　述
\F	换页符
\N	换行符
\R	回车符
\T	制表符
\V	垂直制表符

2. 元字符

正则表达式中包含的11个元字符及其功能描述如表4.2所示。

元字符"."可以匹配任意一个除换行符之外的字符,例如表达式"...welcome..."可以匹配字符串"you are welcome to python"中的"e welcome to p"。

元字符"\"表示转意字符,紧跟其后的所有元字符将失去其特殊含义,而被作为一个普通字符对待。例如"n"匹配字符"n";"\n"匹配换行符;"\."使得字符"."失去其元字符的特殊含义,仅仅匹配该字符的原义;"\\"匹配"\"。如果希望匹配字符串中的"?",则可以将表达式写成"\?",在该表达式中"?"将作为普通字符匹配自身。

元字符"|"又称为"或字符",它可以在两个匹配模式中选择任意一个匹配。例如表达式"select monday|wednesday to"将匹配字符串"you can select wednesday to start"中的"wednesday to"。

元字符"[]"表示一个字符集合,它将匹配中括号中包含的任意字符。在中括号中,可以将希望匹配的每个字符一一列出,也可以用符号"-"表示一个连续的字符范围。例如:"[efg]"将匹配"e""f"或"g",该表达式也可以写为"[e-g]"。另外需要说明的是,处于"[]"中的元字符将失去其特殊含义,而仅仅被作为普通字符对待,例如:"[efg*]"将匹配字符"e""f""g"或"*",由于"*"在中括号中,因此这里的“*”不再是元字符，而是一个普通字符。另外，比较特殊的是，在中括号中使用元字符“^”表示逻辑“非”的含义，这与在中括号外使用元字符“^”的含义完全不同，例如“[^a]”表示匹配除“a”以外的所有字符。

元字符“()”又称为分组字符，可以使用该元字符将多个原子组合成一个子表达式，括起来的部分在正则表达式中将被看作一个整体。例如表达式“123+”对字符串“cd123123123dc”的匹配结果为“123”，而表达式“(123)+”的匹配结果则为“123123123”。

在中括号外使用元字符“*”“+”“?”“{}”均表示重复的含义，其具体区别见表4.2。以“*”为例，来看看该元字符的匹配过程。例如：表达式“do*g”，由于“*”可以匹配前面的字符0次或多次，因此该表达式可以匹配字符串“dg”“dog”“doog”“dooog”等。

表4.2 正则表达式中的11个元字符

字符	描述
.	匹配除换行符"\n"外的任意单个字符
\	转意字符
|	或，匹配"|"符号左右两边的子表达中的任意一个
[ ]	字符集，匹配"[]"字符集中的任意字符
( )	将表达式标识为一个分组
*	匹配前面的字符或子表达式0次或多次
+	匹配前面的字符或子表达式1次或多次
?	匹配前面的字符或子表达式0次或1次，或指明一个非贪婪限定符
{ }	{m}匹配前面的字符或子表达式m次 {m,n}匹配前面的字符或子表达式m至n次，若省略n，则匹配m至无限次
^	匹配字符串的开始位置，当处于表达式"[]"中时则表示逻辑非
$	匹配字符串的结束位置

3. 预定义字符集

为进一步简化正则表达式，语法中特别定义元字符“\”与一些字符的组合表示预定义字符集。例如“\w”预定义为表示字母、数字或下划线字符；“\s”则可以匹配任何空白字符，包括空格、\t制表符、\r回车符、\n换行符、\f换页符、\v垂直制表符。常用的预定义字符集如表4.3所示。

表 4.3 主要的预定义字符集

字符	描述
\D	匹配数字字符,等同于表达式[0-9]
\D	匹配非数字字符,等同于表达式[^0-9]
\S	匹配任何空白字符,等同于表达式[〈空格〉\t\r\n\f\v]
\S	匹配任何非空白字符,等同于表达式[^〈空格〉\t\r\n\f\v]
\W	匹配字母、数字及下划线字符,等同于表达式[A-Za-z0-9_]
\W	匹配非字母、数字、下划线字符,等同于表达式[^A-Za-z0-9_]

4.2.2 贪婪与懒惰模式

正则表达式的语法还涉及两种匹配的模式。默认情况下,正则表达式将尽可能匹配更长的字符串,即“贪婪模式”(greedy)。例如,下面三行代码说明了正则表达式的“贪婪”特性。re.findall()函数用于找出所有与正则表达式匹配的字符串,并以列表的形式返回,该函数将在下一节具体讲解。

```
import re
re.findall('hi*', 'hiiiii')      #返回['hiiiii']
re.findall('hi{2,}', 'hiiiii')   #返回['hiiiii']
re.findall('hi{1,3}', 'hiiiii')  #返回['hiii']
```

但是这一特性往往会造成匹配不当的问题,例如在匹配 HTML 源代码字符串时,我们需要找出某个标签内的字符串,但由于正则表达式的默认“贪婪”特性,造成匹配不当。示例代码如下:

```
import re
s = '〈html〉〈head〉〈title〉Title〈/title〉'
re.findall('〈.*〉', s)
```

该段代码返回的字符串为['〈html〉〈head〉〈title〉Title〈/title〉'],re.findall()函数仅返回了包含一个元素的列表,由于默认的贪婪模式,正则表达式尽可能长地匹配了'〈'和'〉'之间的字符串。但是我们的本意是找出所有'〈 〉'标签内容,希望能够返回['〈html〉','〈head〉','〈title〉','〈/title〉']。

为了解决以上默认的“贪婪”模式造成的匹配不当问题,通过在表示重复次数的元字符后加上元字符'?',强制说明“非贪婪”模式。正则表达式的“非贪

婪"匹配模式,指的是在整个表达式匹配成功的前提下,尽可能匹配更短的字符。示例代码如下:

```
import re
re.findall('hi*?', 'hiiiii')         #返回['h']
re.findall('hi{2,}?', 'hiiiii')      #返回['hii']
re.findall('hi{1,3}?', 'hiiiii')     #返回['hi']
s = '<html><head><title>Title</title>'
re.findall('<.*?>', s)   #返回 ['<html>', '<head>', '<title>', '</title>']
```

需要特别说明的是,'?'需要加在表示重复次数的元字符后才表示"非"贪婪模式的强制说明,否则'?'表示匹配前面的字符或子表达式0次或1次。如表4.2所示,在正则表达式中表示重复次数的元字符有"*""+""?""{m,n}",因此跟在这四个元字符后的'?'都表示"非贪婪"模式。

4.3 re 模块常用的函数

前面两节我们介绍了正则表达式的基本概念和语法,接下来我们将讲解Python中正则表达式模块re提供的常用函数。

4.3.1 常用的匹配函数

re模块中内置的常用匹配函数如表4.4所示。

表 4.4 re 模块常用匹配函数

方法名	功能描述
match(pattern, string[, flags])	从string的首字母开始匹配,string中如果包含pattern子串,则匹配成功,返回Match对象;失败则返回None
search(pattern, string[, flags])	在string中查找pattern子串,只要找到第一个匹配子串,就返回Match对象;失败则返回None
findall(pattern, string[, flags])	返回string中所有与pattern子串相匹配的全部字串,返回形式为列表;需要注意的是,如果pattern子串中包括"( )",只返回括号中的正则表达式所匹配的内容
finditer(pattern, string[, flags])	返回string中所有与pattern子串相匹配的全部字串,返回形式为迭代器

需要注意的是，match()只从 string 的首字母开始匹配，如果字符串一开始就不符合正则表达式，则匹配失败，函数返回 None；而 search()匹配整个字符串，直到找到一个匹配的子串。示例代码如下：

```
import re
a = re.search("[\d]","abc123")
print(a)
p = re.match("[\d]","abc123")
print(p)
b = re.findall("[\d]","abc123")
print(b)
```

a=re.search("[\d]","abc123")将从字符串中查找第一个出现的数字字符，并返回一个 match 对象。re.match("[\d]","abc123")需要从字符串的开始进行匹配，而"abc123"首字母并不是数字字符，因此返回 None。re.findall("[\d]","abc123")将查找字符中所有出现的数字字符，并以列表的形式返回，因此变量 b 的值为['1', '2', '3']。

re.search()和 re.match()函数将返回 match 对象，针对 match 对象，re 模块也提供了相关的函数，如表 4.5 所示。

表 4.5　match 对象相关函数

方法名	功能描述
group()	返回匹配的字符串
start()	返回匹配开始的位置
end()	返回匹配结束的位置
span()	返回一个元组包含匹配（开始，结束）的位置

示例代码如下，该段代码将返回 match 对象匹配的字符串。

```
import re
 a = re.search("[\d]","abc123").group()
```

如果匹配成功，search 函数返回的是一个 match 对象，如果要得到匹配的目标字符串，需要进一步通过 group()函数返回该目标字符串。以上代码将返回字符串"1",并赋值给变量 a。

4.3.2 编译函数 compile()

re.compile()函数用于将正则表达式编译为模式对象,对于常用的正则表达式我们通常都使用该函数对正则表达式先进行编译处理得到模式对象,然后再使用模式对象的相关方法。这样做的目的是提高后续的匹配效率,当然在匹配过程中直接使用正则表达式,而不进行编译也不会报错,只不过匹配效率较低,示例代码如下:

```
import re
p = re.compile('ab * ')
b = p.match('abbcc')
a = re.match('ab * ','abbcc')
```

p.match('abbcc')中使用模式对象 p 的函数 match();re.match('ab * ','abbcc')则调用 re 对象的 match()函数,直接使用正则表达式作为参数。两行代码的返回结果一样,只是执行效率不同。

4.4 正则表达式应用实例

4.4.1 re.findall()只提取"( )"匹配的字符串

在很多情况下,某些字符只参与匹配,但并不想提取这些字符。如图 4.1 所示,这是一段 HTML 源代码数据,我们需要采集其中所有的 URL 链接信息。不难看出,所有的 URL 地址均位于字符串'〈a href="'和'"〉'之间,可以通过

```
<ul class="clearfix">
    <li><a href="http://sports.163.com/">体育</a></li>
    <li><a href="http://tech.163.com/">科技</a></li>
    <li><a href="http://v.163.com/">视频</a></li>
    <li><a href="http://edu.163.com/">教育</a></li>
    <li><a href="http://ent.163.com/">娱乐</a></li>
    <li><a href="http://mobile.163.com/">手机</a></li>
    <li><a href="http://www.lofter.com/?act=qb163rk_20141031_03">LOFTER</a></li>
    <li><a href="http://book.163.com/">读书</a></li>
    <li><a href="http://money.163.com/">财经</a></li>
    <li><a href="http://digi.163.com/">数码</a></li>
    <li><a href="http://book.163.com/art">艺术</a></li>
    <li><a href="http://money.163.com/stock/">股票</a></li>
    <li><a href="http://auto.163.com/">汽车</a></li>
    <li><a href="http://blog.163.com/">博客</a></li>
    <li><a href="http://play.163.com/">游戏</a></li>
    <li><a href="http://lady.163.com/">女人</a></li>
    <li><a href="http://house.163.com/">房产</a></li>
    <li><a href="http://travel.163.com/">旅游</a></li>
    <li><a href="http://m.163.com/">应用</a></li>
    <li><a href="http://gov.163.com/">政务</a></li>
    <li><a href="http://study.163.com/?utm_source=news.163.com&utm_medium=web_bottomnav&utm_campaign=business">云课堂</a></li>
    <li><a href=" http://jiankang.163.com">健康</a></li>
</ul>
```

图 4.1 HTML 源代码数据

正则表达式 '〈a href=".+?"〉' 匹配，其中 '.+? ' 表示非贪婪模式下匹配一个或多个非换行字符。但是如果通过该表达式匹配的话，会将链接地址和 HTML 标签一同提取，如〈a href="...."〉，实质上我们只想提取标签中的链接地址。HTML 标签只参与匹配，但并不想提取这些 HTML 标签。

re.findall()函数中，当给出的正则表达式中带有一个括号时，函数只返回括号中正则表达式的内容，而不是整个正则表达式的匹配内容。当有多个括号时，将以元组的形式返回多个括号中的内容。利用这一特性可方便地过滤掉 HTML 中的标签，示例代码如下：

```
import re
html = '〈ul class = "clearfix"〉〈li〉〈a href = "http://sports.163.com/"〉体育〈/a〉〈/li〉〈li〉〈a href = "http://tech.163.com/"〉科技〈/a〉〈/li〈li〉〈a href = "http://v.163.com/"〉视频〈/a〉〈/li〉〈li〉〈a href = "http://edu.163.com/"〉教育〈/a〉〈/li〉〈li〉〈a href = "http://ent.163.com/"〉娱乐〈/a〉〈/li〉〈li〉〈a href = "http://mobile.163.com/"〉手机〈/a〉〈/li〉'
url1 = re.findall('a href = ".+?"〉',html)
url2 = re.findall('a href = "(.+?)"〉',html)
```

执行代码后，url1 返回的列表为：['a href="http://sports.163.com/"〉', 'a href="http://tech.163.com/"〉',……]。url2 返回的列表为：['http://sports.163.com/', 'http://tech.163.com/',……]。

4.4.2　匹配国内手机号码

目前国内手机号码共计 11 位，首位字符为 1，第二位字符为 3、4、5、7、8，根据该规律，正则表达式为 '1[34578]\d{9}'。其中，1 表示开头必须为 1；[34578]表示第二号码可以为 3、4、5、7、8 中的任何一个，\d 为预定义字符集表示任意数字字符，{9}表示该任意数字字符出现 9 次。

```
import re
number = 'bob:13965743567 alex:18071235647 ben:15678835621'
s = '1[34578]\d{9}'
phone = re.findall(s,number)
```

变量 phone 的返回结果为：['13965743567', '18071235647', '15678835621']。

4.4.3　匹配电子邮件

代码示例如下：

```
import re
email = 'haha@163.com; ha_ha@alibaba.com.cn; ha-ha@sina.com; 
123456789@sufe.edu.cn '
s = '[\w-]+@[\w-]+\.[\w\.-]+'
mail = re.findall(s,email)
```

re.findall()函数的正则表达式分为“@”符号前与后两部分。由于“@”前的地址部分主要由大小写字母、数字、下划线及“-”组成，这一部分由“[\w-]+”匹配。“@”后的部分的“\.”，使用转意字符“\”使得元字符“.”失去特殊含义。注意在 findall()函数中，如果正则表达式使用“( )”，将只返回括号中匹配的字符串，因此需慎用“( )”。

习题

1. 请写出从字符串"123@qq.comaaa@163.combbb@126.comasdfasfs33333@adfcom"中筛选出所有邮箱的正则表达式。

2. 请写出从字符串"1,-3,a,-2.5,7.7,asdf"中筛选出所有整数的正则表达式。

3. 以正则表达式的非贪婪模式，从字符串"abcd123d123ad1v123"中找出所有以 a 开头、以 123 字符串结尾的字符串，请写出 Python 代码。

4. 希望提取 HTML 字符串，"<tr><th>性别:</th><td>男</td></tr>"中<td>标签中的文本内容，请写出 Python 代码。

5. 希望提取 HTML 字符串，"<a href="https://www.baidu.com/articles/zj.html" title="浙江省">浙江省主题介绍</a><a href="https://www.baidu.com//articles/gz.html" title="贵州省">贵州省主题介绍</a> </td>"中所有 URL 地址，请写出 Python 代码。

6. 某影评网站影片列表页面的一段 HTML 代码如图 4.2 所示，如果该页面的 HTML 源码已转换成字符串并赋值给了遍历 ht，希望利用 re.findall()方法结合正则表达式提取图 4.2 方框中的信息，请分别写出提取这些信息的 Python 代码。

```
▶<table width="100%" class>…</table>
 <div id="collect_form_3445906"></div>
 <p class="ul"></p>
▼<table width="100%" class>
  ▼<tbody>
    ▼<tr class="item">
      ▼<td width="100" valign="top">
        ▼<a class="nbg" href="https://movie.douban.com/subject/26793157/" title="负重前行">
            <img src="https://img1.doubanio.com/view/photo/s_ratio_poster/public/p2518648419.webp" width="75" alt="负重前行" class>
          </a>
        </td>
      ▼<td valign="top">
        ▼<div class="pl2">
          ▶<a href="https://movie.douban.com/subject/26793157/" class>…</a>
          ▼<p class="pl">
              "2017-10-06(阿德莱德电影节) / 2018-05-17(澳大利亚) / 马丁·弗瑞曼 / 安东尼·海斯 / 苏茜·波特 / 西蒙尼·兰德斯 / 凯伦·皮斯托里斯 / 克里斯·麦奎德 / 布鲁斯·R·卡特 / 娜塔莎·旺加尼恩 / 大卫·古皮利 / 澳大利亚 / 本·豪林 / 尤兰达·拉姆克..."
            </p>
          ▼<div class="star clearfix">
              <span class="allstar35"></span>
              <span class="rating_nums">6.9</span>
              <span class="pl">(10943人评价)</span>
              ::after
            </div>
          </div>
        </td>
      </tr>
    </tbody>
  </table>
```

图 4.2　影评网站 HTML 代码段

第 5 章

使用 BeautifulSoup 库提取数据

前两章我们了解了如何使用正则表达式提取网页数据的原理与实现方法。但是正则表达式的语法规则主要是为字符串的匹配而设计,并不是专门用于HTML 源码数据的提取。因此,在提取 HTML 源码数据时,编写正则表达式往往是一件令人头疼的事情。Python 中有没有一种专门为匹配 HTML 数据而设计的工具?答案当然是肯定的,这正是 Python 这一开源语言的魅力所在。

本章将重点介绍“这一碗美味的汤”——BeautifulSoup,涉及的主要知识点包括:

■如何将 HTML 源代码转换为标签树结构?

■什么是 BeautifulSoup 和 Tag 对象?

■如何过滤并提取标签树中的信息?

■如何遍历标签树中的节点?

5.1　BeautifulSoup 库简介

BeautifulSoup 是一个可以从 HTML 或 XML 文件中提取数据的 Python 第三方库。它包含了丰富的网页元素的处理、遍历、搜索与修改功能。通过 BeautifulSoup 可以使用简短的代码完成 HTML 和 XML 源码数据的匹配与提取。

BeautifulSoup 库的特点主要包括以下两点:

(1) 专门为 HTML 和 XML 设计,可根据 HTML 和 XML 的语法结构方便地匹配与提取信息。

(2) BeautifulSoup 几乎不用考虑编码问题,一般情况下可以自动识别目标文件的编码格式,能够自动将输入文档转换为 Unicode 编码,并且以 UTF-8 编码方式输出。

如果是通过 Anaconda 安装的 Python，由于 Anaconda 中集成了 BeautifulSoup，因此不再需要另外安装 BeautifulSoup 库。如果是通过下载官网程序安装的 Python，则需要通过 pip 命令安装 BeautifulSoup 库，具体的命令格式为“pip install beautifulsoup4”。

接下来我们将简要介绍 HTML 和 XML 这两种文档格式的组织结构与主要的对象和属性。

5.1.1　HTML 和 XML 的 DOM TREE 结构

DOM 是由 W3C 定义的访问 HTML 和 XML 文档的标准格式，因此，HTML 和 XML 文档都是以 DOM TREE 这样的标签树的结构组织的。图 5.1 表示了一个 HTML 文档的标签树结构，其中〈html〉标签包含两个子节点，分别为〈head〉标签和〈body〉标签。〈head〉标签包含一个子节点〈title〉标签，〈title〉标签中包含“文档标题”信息；〈body〉标签下包含两个子节点，分别是〈a〉标签和〈h1〉标签，〈a〉具有一个叫 href 的属性。

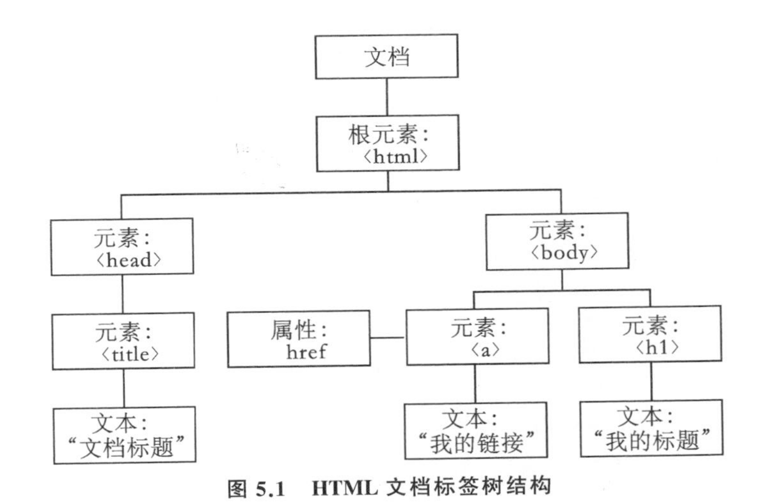

图 5.1　HTML 文档标签树结构

如果有一种专门的工具能够提取 HTML 和 XML 文档中的标签树结构，我们就可以非常方便地找到我们感兴趣的标签下的信息了。BeautifulSoup 库实际上就是针对 DOM TREE 结构的文档专门设计的一款工具，它能够解析 HTML 和 XML 文档的标签结构，并将标签树结构转换成一个 BeautifulSoup 对象。再通过 BeautifulSoup 对象内置的属性和方法，便可以快捷高效地提取信息。

5.1.2　Tag 对象

Tag 是标签树最基本的信息组织单元，对应分别用“〈〉”和“〈/〉”标明开头和结尾的标签节点。可以将 BeautifulSoup 对象理解为对应整个文档的标签树对象，而 Tag 对象则对应标签树中的具体标签节点。但实质上 Tag 对象仍然可以包含多个子孙节点，因此 Tag 更像是一个 BeautifulSoup 对象的子树。如表 5.1 所示，Tag 对象具有 4 个基本属性，通过这 4 个基本属性可以方便地对标签节点进行信息提取。

表 5.1　Tag 对象的基本属性

基本元素	描　　述
Name	标签的名字，〈p〉…〈/p〉的名字是 p，格式〈tag〉.name
Attributes	标签的属性，字典组织形式，格式〈tag〉.attrs
NavigableString	标签内非属性字符串，格式〈tag〉.string
Comment	标签内非属性字符串的注释部分，一种特殊的 Comment 类型

通过.tag.name 可以返回相应标签对象的名称属性，返回的名称属性为字符串类型。如图 5.2 所示，该 HTML 标签的名称为“p”。通过.tag.attrs 可以提取标签对象中的属性信息，该标签包含一个 class 属性。由于标签可能包含多个属性，因此.attrs 通过字典的形式来组织标签的属性，字典的键为属性名称。

标签中非属性的字符串部分，如 NavigableString 和 Comment 元素，可以通过. tag. string 的方式返回。标签中的非属性的字符串部分到底是 NavigableString 类型，还是 Comment 类型，则要视该部分字符串是不是注释部分而定。例如：

Tag1＝“〈a href＝"http://news.qq.com/" 〉News〈/a〉”

Tag2＝"〈b〉〈! -- Hey, buddy. Want to buy a used parser? --〉〈/b〉"

Tag1 标签非属性字符串部分“News”，为 NavigableString 类型。

Tag2 标签非属性字符串部分“〈! -- Hey, buddy. Want to buy a used parser? --〉”为一个注释，则为 Comment 类型。

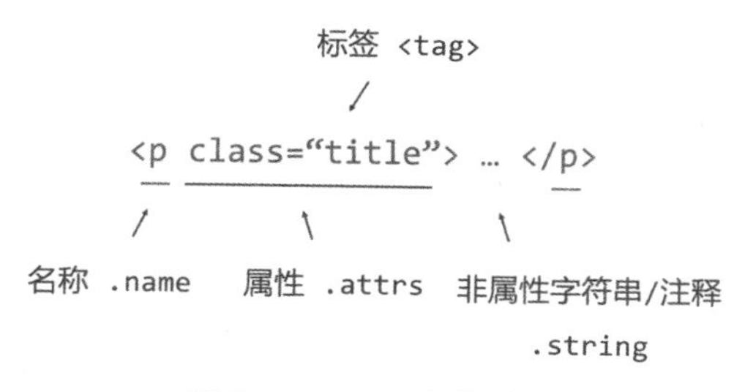

图 5.2　HTML 标签结构

5.1.3 BeautifulSoup 解析器

BeautifulSoup 能够解析具有 DOM TREE 结构的文档，这是由所安装的解析器类型决定的。目前 Python 中支持四种 BeautifulSoup 解析器，如表 5.2 所示。

表 5.2　BeautifulSoup 解析器

解析器名称	使用方法	特　点
BS4 库 HTML 解析器	BeautifulSoup(markup,"html.parser")	执行速度适中，文档容错能力强，需安装 bs4 库
LXML 库 HTML 解析器	BeautifulSoup(markup,"lxml")	速度快，文档容错能力强，需安装 lxml 库
LXML 库 XML 解析器	BeautifulSoup(markup,"xml")	速度快，是唯一支持 XML 的解析器，需安装 lxml 库
HTML5 解析器	BeautifulSoup(markup,"html5lib")	最好的容错性，以浏览器的方式解析文档，生成 HTML5 格式的文档，速度较慢，需要安装 html5lib 库

5.2 BeautifulSoup 的信息提取

5.2.1 构造 BeautifulSoup 对象

使用 BeautifulSoup 库首先需要通过 import 语句导入库，接下来将文档传入 BeautifulSoup 的构造方法，就能得到该文档的 DOM TREE 结构对象。传入的文档可以是字符串或者是该文件的句柄对象。示例代码如下：

```
from bs4 import BeautifulSoup      #导入库
soup = BeautifulSoup('<a>News</a>','html.parser')    #构造 BeautifulSoup 对象
type(soup)   #返回对象的类型
```

通过 BeautifulSoup 方法的第一个参数为需要转换的文档，该示例中直接传入字符串；第二个参数为指定的解析器名称。该方法返回的对象类型为 bs4.BeautifulSoup。此外，还可以以文件句柄的形式传入需要转换的文档。示例代

码如下：

```
from bs4 import BeautifulSoup
soup = BeautifulSoup(open("d:/h1.html"),'html.parser')
```

open("d:/h1.html")为打开的文件句柄。

5.2.2 信息提取的四种方法

首先，构造一个标签树对象 soup。代码示例如下：

```
from bs4 import BeautifulSoup
html = """
<html><head><title>The Dormouse's story</title></head>
<p class = "title"><b>The Dormouse's story</b></p>
<p class = "story">Once upon a time there were three little sisters;
and their names were
<a href = "http://example.com/elsie" class = "sister" id = "link1">
Elsie</a>,
<a href = "http://example.com/lacie" class = "sister" id = "link2">
Lacie</a> and
<a href = "http://example.com/tillie" class = "sister" id = "link3">
Tillie</a>;
and they lived at the bottom of a well.</p>

<p class = "story">...</p>
"""
soup = BeautifulSoup(html,'html.parser')
```

1. 通过 Tag 对象的属性和方法提取信息

提取 HTML 中标签信息最简单的方法，就是直接通过标签的名称提取。但该方法的局限性是只能提取文档中出现的第一个符合该名称的标签。如想提取 soup 中标签<a>的信息，只需要使用 soup.a。

```
print(soup.a)
print(soup.a.name)
print(soup.a.attrs)
print(soup.a.string)
```

执行以上代码，输出结果如下：

```
<a class = "sister" href = "http://example.com/elsie" id = "link1">
Elsie</a>
a
{'href': 'http://example.com/elsie', 'id': 'link1', 'class': ['sister']}
Elsie
```

需要注意的是，soup 中包含多个标签〈a〉，soup.a 只能提取第一个出现的 a 标签信息。通过 soup.a.name 可以提取标签〈a〉的名称属性；soup.a.attrs 提取标签〈a〉的所有属性信息，返回结构为字典结构；soup.a.string 返回标签 a 的非属性字符串。

如果只想得到某个 Tag 节点中包含的文本内容，可以调用 Tag 对象的 get_text()方法，这个方法将获取 Tag 对象包含的所有文本内容，包括该 Tag 对象子孙节点中的文本内容，并将结果作为 Unicode 字符串返回。代码示例如下：

```
text = soup.html.get_text()
```

HTML 标签的子孙节点包括 1 个〈head〉标签子节点、1 个〈title〉标签孙节点、2 个〈p〉标签子节点、1 个〈b〉标签孙节点和 3 个〈a〉标签孙节点。soup.html.get_text()方法将提取〈html〉标签所有子孙节点的非属性文本信息，组合成一个字符串。该字符串的值为"The Dormouse's story\nThe Dormouse's story\nOnce upon a time there were three little sisters; and their names were\nElsie,\nLacie and\nTillie;\nand they lived at the bottom of a well.\n..."。

2. 通过标签树对象的 find_all()方法提取

标签树对象的 find_all()方法，该方法将以列表形式返回符合搜索条件的所有标签。其标准格式和参数如下：

```
BeautifulSoup.find_all( name,attrs,recursive,text, * * kwargs )
```

(1) 参数 name：搜索标签树对象中所有标签名为 name 的 tag，并以列表形式返回结果。如果同时搜索多个标签名，可以将包含多个标签名的列表作为参数；也可以采用正则表达式对标签名进行非精确匹配，如果标签名称为 True，将返回所有的标签信息。

```
soup.find_all('a')
```

执行该段代码返回所有标签名为 a 的 tag,以列表形式返回:

```
[<a class = "sister" href = "http://example.com/elsie" id = "link1">Elsie</a>, <a class = "sister" href = "http://example.com/lacie" id = "link2">Lacie</a>, <a class = "sister" href = "http://example.com/tillie" id = "link3">Tillie</a>]
```

(2) 参数 attrs:如果一个指定名字的参数不是 find_all()函数的参数名,搜索时会把该参数当作属性名来搜索。返回列表,属性值为精确匹配,可以使用正则表达式进行非精确匹配;也可以使用 True 匹配任何属性值。代码示例如下:

```
import re
f1 = soup.find_all(id = "link2")
f2 = soup.find_all(href = re.compile("elsie"))
f3 = soup.find_all(id = True)
f4 = soup.find_all(href = re.compile("elsie"), id = 'link1')
f5 = soup.find_all(class_ = 'sister')
```

变量 f1 的赋值语句中,参数 id 并不是 find_all 方法的参数名,因此将 id 视作属性名进行搜索。将从标签树中查找 id 属性值为"link2"的标签,此处属性值"link2"必须精确匹配。

变量 f2 的赋值语句中,使用编译后的正则表达式作为 href 属性的属性值,此处属性值"elsie"为非精确匹配。

变量 f3 的赋值语句中,将返回所有具有 id 属性的标签,无论 id 属性的值是什么。

变量 f4 的赋值语句中,同时对 href 和 id 这两个标签的值进行搜索,只有同时满足这两个属性值的标签才返回。

变量 f5 的赋值语句中,对 CSS 的类名属性 class 进行搜索,为避免与 Python 的保留关键字冲突,将属性名改为“class_”。

需要特别说明的是,按照 CSS 类名搜索 Tag 非常实用,但是 CSS 的类名 class 是 Python 的保留关键字,因此在匹配 class 属性时,应将该属性名写作“class_”。Tag 的 class 属性是多值属性,按照 CSS 类名 class 搜索 Tag 时,可以分别搜索 Tag 中的每个 CSS 类名。代码示例如下:

```
css_soup = BeautifulSoup('<p class = "highlight perst"></p>','html.parser')
c1 = css_soup.find_all(class_ = "perst")
c2 = css_soup.find_all(class_ = "highlight perst")
c3 = css_soup.find_all(class_ = "perst highlight")
```

css_soup 这一标签树对象有 1 个〈p〉标签，该标签的 class 类名属性有两个值，分别为 highlight 和 perst。变量 c1 搜索 class 其中一个属性值 perst，也能够返回该标签；变量 c2 在匹配过程中，按两个属性的值搜索，这时进行完全匹配，同样能够返回该标签；但变量 c3 虽然也列出了两个属性值，但属性顺序与标签不同，这时并不能返回标签〈p〉。

(3) 参数 text：搜索标签中非属性字符串部分的内容，text 参数的值可以为字符串、正则表达式和 True，返回值为列表。

```
d1 = soup.find_all(text = "Elsie")
d2 = soup.find_all(text = ["Tillie", "Elsie", "Lacie"])
d3 = soup.find_all(text = re.compile("Dormouse"))
d4 = soup.find_all("a", text = "Elsie")
```

变量 d1 搜索所有文本部分为"Elsie"的标签，注意此处为精确匹配；变量 d2 以列表形式匹配多个文本的值；变量 d3 采用编译后的正则表达式对文本部分进行非精确匹配；变量 d4 搜索标签名为 a、文本部分为"Elsie"的标签。

(4) 参数 recursive：find_all()函数默认搜索标签树结构的所有子孙节点标签，如果将参数 recursive 设置为 False，将只搜索标签树的直接子节点。

3. 通过标签树对象的 find()方法提取

标签树对象的 find()方法与 find_all()方法的参数设置相同，但与 find_all()方法有两点不同：首先，find()只返回符合条件的第一个标签节点，find_all()将返回所有符合条件的标签节点。其次，find()方法返回节点对象 Tag，find_all()返回列表。

find()方法的示例代码如下：

```
e1 = soup.find('head')    #查找标签名为 head 的 tag
type(e1)                  #返回变量 e1 的类型
type(soup)                #返回变量 soup 的类型
e1.find('title')          #在 e1 标签中继续查找 title 标签
```

该段代码中查看 e1 变量的类型为 bs4.element.Tag，这是标签节点的类型。正是因为 e1 为 Tag 类型的对象，因此可以继续使用 e1 的 find()方法，查找 e1 下的 title 标签。Soup 变量的类型为 bs4.BeautifulSoup。

4. 通过 CSS 选择器提取信息

CSS(Cascading Style Sheets)层叠样式表是一种用来表现 HTML 文件样式

的计算机语言。CSS不仅可以静态地修饰网页,还可以配合各种脚本语言动态地对网页各元素进行格式化。要使用CSS对HTML页面中的元素实现控制,这就需要用到CSS选择器。

BeautifulSoup支持大部分的CSS选择器,在Tag或BeautifulSoup对象的select()方法中传入字符串参数,即可使用CSS选择器的语法找到符合条件的Tag,返回Tag列表。与find_all()方法相比,使用CSS选择器搜索Tag的select()方法更加灵活易用。

BeautifulSoup支持大部分的CSS选择器,其中,“.”表示类,“#”表示id,空格表示子孙节点,“>”表示直接子节点,“~”表示兄弟节点。

为了演示CSS选择器的使用,引入一段更加复杂的HTML文档,代码如下:

```
from bs4 import BeautifulSoup
html = """
<html>
    <head>
        <title>The Dormouse's story</title>
    </head>
    <body>
        <p class = "title" name = "dromouse">
            <b>The Dormouse's story</b>
        </p>
        <p class = "story">
             Once upon a time there were three little sisters; and
             their names were
            <a class = "mysis" href = "http://example.com/elsie" id
             = "link1">
                <b>the first b tag<b>
                Elsie
            </a>,
            <a class = "mysis" href = "http://example.com/lacie" id
            = "link2" myname = "kong">
                Lacie
            </a>and
```

```
            〈a class = "mysis" href = "http://example.com/tillie" id
            = "link3"〉
                Tillie
            〈/a〉;and they lived at the bottom of a well.
        〈/p〉
        〈p class = "story"〉
            myStory
            〈a〉the end a tag〈/a〉
        〈/p〉
        〈a〉the p tag sibling〈/a〉
    〈/body〉
〈/html〉"""
soup = BeautifulSoup(html,'html.parser')
```

（1）通过标签名搜索。与find_all()方法按标签名搜索标签类似，select()方法也可按标签名搜索Tag。但select()方法还可以按标签名进行分层搜索。

```
soup.select('p')      #搜索所有标签名为p的标签
soup.select('p a')    #搜索所有p标签的子孙节点中标签名为a的标签
soup.select('p 〉 a') #搜索所有P标签的直接子节点中标签名为a的
标签
```

第一行代码将返回包含3个〈p〉标签节点的列表，第二行代码返回包含4个〈a〉标签的列表，第三行代码返回包含4个〈a〉标签的列表。

（2）通过类名搜索。在CSS中属性名class表示类，在传入select()方法的CSS选择器的字符串前面加“.”，表示该字符串为类名。示例代码如下：

```
#搜索所有类名为story的标签
soup.select('.story')
#首先搜索类名为story的标签，再在这些标签的子孙节点中搜索类名为
mysis的标签
soup.select('.story .mysis')
#搜索标签名为a并且类名为mysis的标签
soup.select('a.mysis')
```

```
#首先搜索标签名为a的标签,再在这些标签的子孙节点中搜索类名为mysis的标签
soup.select('a .mysis')
#首先搜索标签名为a的标签,再在这些标签的直接子节点中搜索类名为mysis的标签
soup.select('a 〉 .mysis')
```

(3) 通过id搜索。在传入select()方法的CSS选择器的字符串前面加“#”表示该字符串为id。示例代码如下:

```
#搜索所有id为link2的标签
soup.select('#link2')
#首先搜索id为link2的标签,再在这些标签的子孙节点中搜索id为link3的标签
soup.select('#link2 #link3')
#搜索标签名为a并且id为link2的标签
soup.select('a#link2')
#首先搜索标签名为a的标签,再在这些标签的子孙节点中搜索id为link2的标签
soup.select('a #link2')
#首先搜索标签名为a的标签,再在这些标签的直接子节点中搜索id为link2的标签
soup.select('a 〉 link2')
#首先搜索标类为mysis的标签,再在这些标签的兄弟节点中搜索id为link2的标签
soup.select('.mysis ～ #link2')
```

(4) 通过属性搜索。将传入select()方法的CSS选择器的字符串用“[]”括起来表示该字符串为属性。示例代码如下:

```
# 搜索标签名为a并且属性中存在href的所有标签
soup.select('a[href]')
#搜索标签名为a并且href属性值为http://example.com/elsie的标签
soup.select('a[href = "http://example.com/elsie"]')
```

```
#搜索标签名为 a 并且 href 属性以"http"开头的标签
soup.select('a[href^="http"]')
#搜索标签名为 a 并且 href 属性以"elsie"结尾的标签
soup.select('a[href$="elsie"]')
#搜索标签名为 a 并且 href 属性包含"example"的标签
soup.select('a[href*="example"]')
```

5.3　BeautifulSoup 的遍历

一些情况下需要对标签树结构进行遍历搜索，以发现我们感兴趣的信息。对标签树的遍历可以归纳为下行遍历、上行遍历和平行遍历三种形式，如图 5.3 所示。下行遍历是指通过搜索初始标签节点的子孙节点，向下进行遍历搜索；上行遍历是指通过搜索初始节点的父辈节点，向上进行遍历搜索；平行遍历则是通过搜索初始节点的兄弟节点，在同一层级进行搜索遍历。要实现三种遍历方式，需要首先了解 Tag 对象与遍历相关的属性。

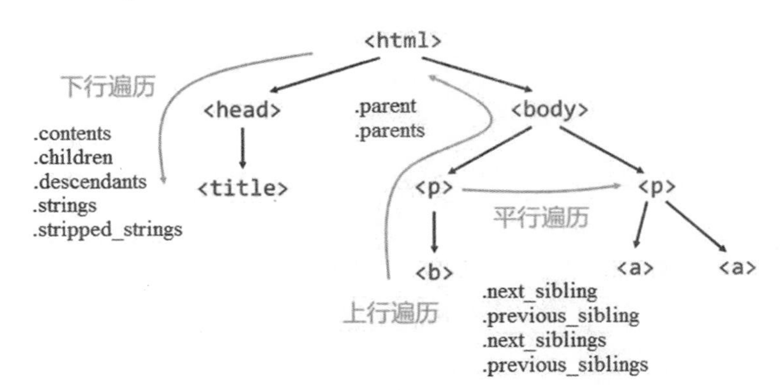

图 5.3　标签树遍历示意图

5.3.1　Tag 对象向下遍历

要实现 Tag 对象的向下遍历，首先需要了解其子孙节点属性，如表 5.3 所示。

表 5.3　Tag 对象子孙节点属性

属性名	描　　述
contents	以列表形式返回 Tag 的所有子节点

（续表）

属性名	描　述
children	以迭代器形式返回 Tag 的所有子节点，用于循环遍历
descendants	以迭代器形式返回 Tag 的所有子孙节点，用于循环遍历
strings	以迭代器形式返回 Tag 及其所有子孙节点的非属性字符串
stripped_strings	以迭代器形式返回 Tag 去除空白字符后的非属性字符串

Tag 对象的 contents 属性可以将 tag 的子节点以列表的方式输出，列表中的元素也是 Tag 类型，示例代码如下：

```
soup.p  # 输出 tag 对象,<p class="title"><b>The Dormouse's story</b></p>
soup.p.contents  #输出列表[<b>The Dormouse's story</b>]
soup.p.contents[0]  # 输出字节点列表中的第 0 个元素<b>The Dormouse's story</b>
```

该代码段中 soup.p 返回第一个标签名为 p 的 Tag 对象；Tag 对象的 contents 属性，将以列表形式返回<p>标签的所有子节点。

Tag 对象的 children 属性可以返回一个包含 Tag 子节点的迭代器，对于迭代器可以方便地通过 for 循环进行遍历，示例代码如下：

```
for child in soup.p.children:
    print(child)
out:
<b>The Dormouse's story</b>
```

contents 和 children 属性仅包含 tag 的直接子节点。例如文档中第一个<P>标签只有一个直接子节点<b>标签，但是<b>标签也包含一个子节点字符串“The Dormouse’s story”，这种情况下字符串“The Dormouse’s story”也属于<p>标签的子孙节点。需要特别说明的是，BeautifulSoup 认为标签树中 Tag 的非属性字符串部分，是该 Tag 的直接子节点。descendants 属性可以以迭代器的形式对所有 Tag 的子孙节点进行递归循环。示例代码如下：

```
  for kid in soup.p.descendants:
      print(kid)
out:
<b>The Dormouse's story</b>
The Dormouse's story
```

在上一节中提到Tag.string属性将返回当前标签的非属性字符串，Tag.strings属性则以迭代器的形式，返回Tag标签及其子孙节点的所有非属性字符串。

```
  for strkid in soup.html.strings:
      print(repr(strkid))
out:
"The Dormouse's story"
'\n'
"The Dormouse's story"
'\n'
'Once upon a time there were three little sisters; and their names were
\n'
'Elsie'
',\n'
'Lacie'
' and\n'
'Tillie'
';\nand they lived at the bottom of a well.'
'\n'
'...'
```

代码中repr()函数将换行符以'\n'形式输出。

输出的字符串中可能包含了很多空格或空行，使用stripped_strings属性可以去除多余的空白内容，示例代码如下：

```
  for strkid in soup.html.stripped_strings:
      print(strkid)
```

```
out:
The Dormouse's story
The Dormouse's story
Once upon a time there were three little sisters; and their names were
the first b tag
Elsie
,
Lacie
and
Tillie
;and they lived at the bottom of a well.
myStory
the end a tag
the p tag sibling
```

5.3.2 Tag 对象向上遍历

Tag 对象父辈节点属性如表 5.4 所示。

表 5.4 Tag 对象父辈节点属性

属性名	描　　述
parent	以列表形式返回 Tag 的所有父亲节点
parents	以迭代器形式返回 Tag 的所有父辈节点,用于循环遍历

遍历 b 标签的父亲节点,示例代码如下:

```
soup.b.parent
type(soup.b.parent)
```

b 标签的父亲节点只有一个〈p class="title"〉〈b〉The Dormouse's story〈/b〉〈/p〉,返回类型为 bs4.element.Tag。

遍历 b 标签的所有父辈节点,示例代码如下:

```
    for parent in soup.b.parents:
        print(parent.name)
out:
p
body
html
[document]
```

b 标签的父辈节点共有 3 个，分别是〈p〉标签、〈html〉标签和〈document〉标签。其中，〈document〉标签为文档默认的顶层标签。

5.3.3　Tag 对象平行遍历

在文档树中，使用 next_sibling 和 previous_sibling 属性来查询 Tag 的兄弟节点，其中 next_sibling 按文本顺序返回下一个兄弟节点，previous_sibling 返回上一个兄弟节点。通过 next_siblings 和 previous_siblings 属性可以对当前节点的兄弟节点进行迭代输出。Tag 对象兄弟节点属性如表 5.5 所示。

表 5.5　Tag 对象兄弟节点属性

属性名	描　　述
next_sibling	按文档顺序，返回当前 Tag 的下一个兄弟节点
previous_sibling	按文档顺序，返回当前 Tag 的上一个兄弟节点
next_siblings	按文档顺序，以迭代器形式返回当前 Tag 后的所有兄弟节点
previous_siblings	按文档顺序，以迭代器形式返回当前 Tag 前的所有兄弟节点

习题

1. 简述通过正则表达式与 BeautifulSoup 这两种方式提取 HTML 信息的不同之处。

2. 下载文件“html_新闻.txt”，将该文本文件以字符串形式读入变量 html，并完成如下操作：

（1）将 html 字符串转换为标签树结构。

（2）使用 BeautifulSoup 库，从标签树结构中提取“新闻地址”“新闻标题”“新闻内容”。

（3）将提取的新闻信息按行写入 Excel 文件中。

3. 某招聘网站职位列表页面的一段 HTML 代码如图 5.4 所示，如果该页面的 HTML 源码已经转换为标签树对象 soup，希望利用 soup.select()分别提取图 5.4方框中的信息。请分别写出提取这些信息的 CSS 选择器表达式。

```
▶<div class="el">…</div>
▼<div class="el">
  ▼<p class="t1 ">
      <em class="check" name="delivery_em" onclick="checkboxClick(this)"></em>
      <input class="checkbox" type="checkbox" name="delivery_jobid" value="102916769" jt="0" style="display:none">
    ▼<span>
      ▼<a target="_blank" title="投资顾问（金融销售底薪8K+高提成+住宿）" href="https://jobs.51job.com/shanghai-pdxq/102916769.html?s=01&t=0" onmousedown>
          "
                                   投资顾问（金融销售底薪8K+高提成+住宿）                    "
        </a>
      </span>
    </p>
  ▼<span class="t2">
      <a target="_blank" title="上海曦昆信息技术有限公司" href="https://jobs.51job.com/all/co3826770.html">上海曦昆信息技术有限公司</a>
    </span>
    <span class="t3">上海-浦东新区</span>
    <span class="t4">1.5-2万/月</span>
    <span class="t5">06-14</span>
  </div>
```

图 5.4　招聘网站职位列表页面 HTML 代码段

第 6 章

爬虫项目实战

本章将通过“网易新闻”“豆瓣影评”“链家二手房”“拉勾网职位”四个实战项目，演示 Urllib 库访问 URL、Session 保存用户登录信息、正则表达式与 BeautifulSoup 提取源码信息、JSON 数据的爬取等爬虫技术的应用。

本章将重点讲解以下几个问题：

■使用 Urllib 库编写爬虫的基本步骤。

■如何通过“开发者”工具分析网页结构？

■如何解决网页爬取中的编码问题？

■如何实现带验证码的登录？

■如何使用 Session 技术解决客户端识别问题？

■如何通过正则表达式提取 HTML 源码信息？

■如何通过 BeautifulSoup 定位标签树中的信息？

■什么是 JSON 数据格式？

■如何通过“开发者工具”判断服务器返回的数据的格式？

■如何爬取 JSON 格式数据信息？

6.1 网易新闻中心爬虫

本实例的主要任务是抓取网易新闻中心首页所有新闻的链接地址与新闻标题。实现这一任务的爬虫编写思路如下：①通过“开发者工具”分析网页结构，查看 Request 请求所采用的方法，分析 HTML 源码中链接地址与新闻标题的规律；②通过 Urllib 库访问 URL，获取网页的 HTML 源码，并将获取的 HTML 源码对象由字节类型转换成字符串类型；③通过正则表达式，从字符串类型的 HTML 源码对象中匹配出所有链接地址和新闻标题。

6.1.1 网页结构分析

在 Chrome 浏览器中打开网易的新闻中心“http://news.sohu.com/”，单击鼠标右键并单击“检查”按钮，进入开发者工具界面。如图 6.1 所示，在开发者工具中，单击 Network 标签，进入请求监听器界面，该界面用于监控访问该网页通过 HTTP 协议发送的所有 Request 和 Web 服务返回的 Response。

重新加载网页后，就可以在该界面查看各请求的顺序及时间。单击资源筛选按钮，可以根据 Request 请求资源的类型，查看具体 Request。本次任务是爬取新闻中心页面的所有新闻标题及链接地址，因此单击“Doc”类型按钮，查看请求文档资源的 Request，可以发现本次访问网页新闻中心页面，共计放送 237 个 Requests，其中涉及文档资源的请求有 4 个。

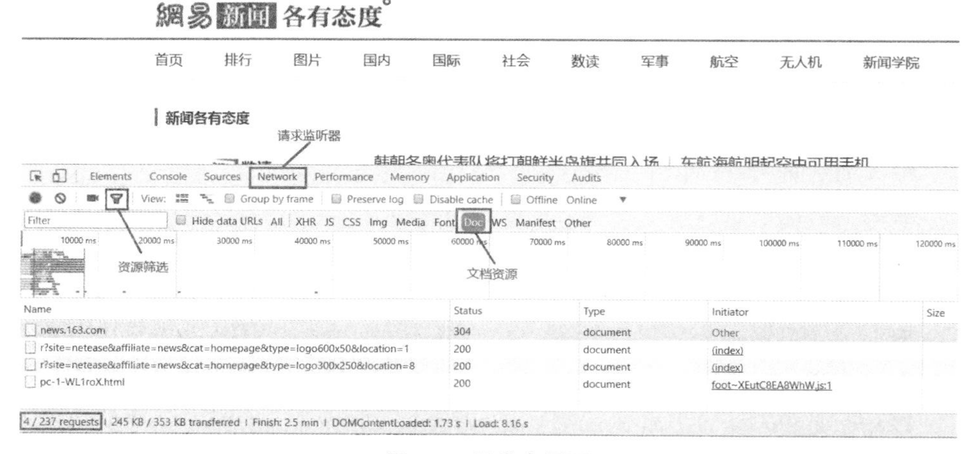

图 6.1 开发者界面

单击 news.163.com 请求(见图 6.2)，进入 Headers 标签可以查看请求的头信息。该请求访问的 URL 为“http://news.163.com”，该请求的方法为 GET。

进入 Elements 标签可以查看该网页的 HTML 代码，如图 6.3 所示。进入“元素观察”页面，将鼠标移动到相应新闻标题后，可在该页面查看相应元素的标签内容。分析新闻链接格式，可以发现链接地址“http://news.163.com/18/0117/23/D8D0ITSJ0001875P.html”在字符串“href=""”和“">”之间；新闻标题“男子在立体车库取车 车从二层直接掉下来”在字符串“">”和“</a>”之间。根据这一规律可通过正则表达式提取 HTML 中的新闻标题和链接。

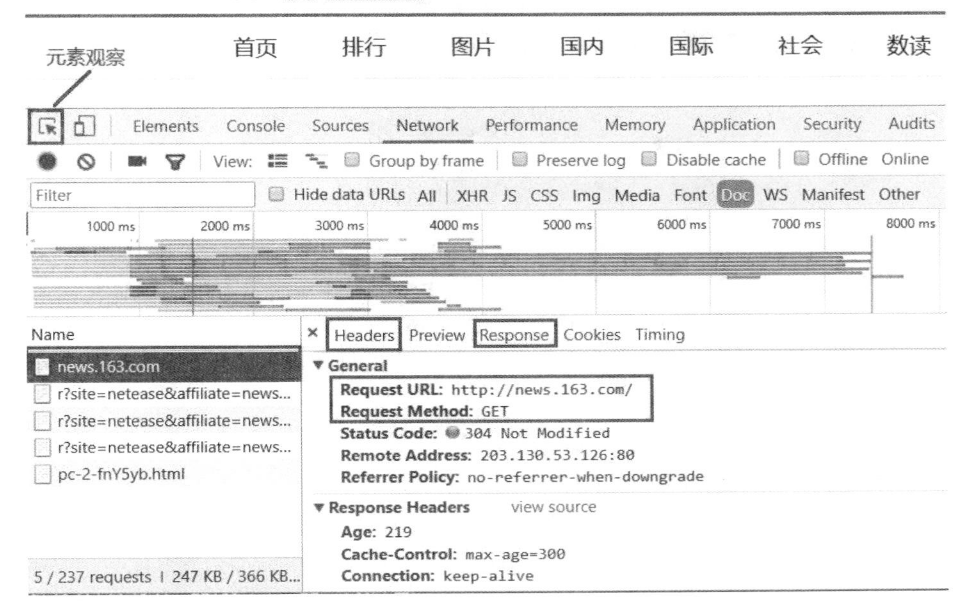

图 6.2　请求 Headers 界面

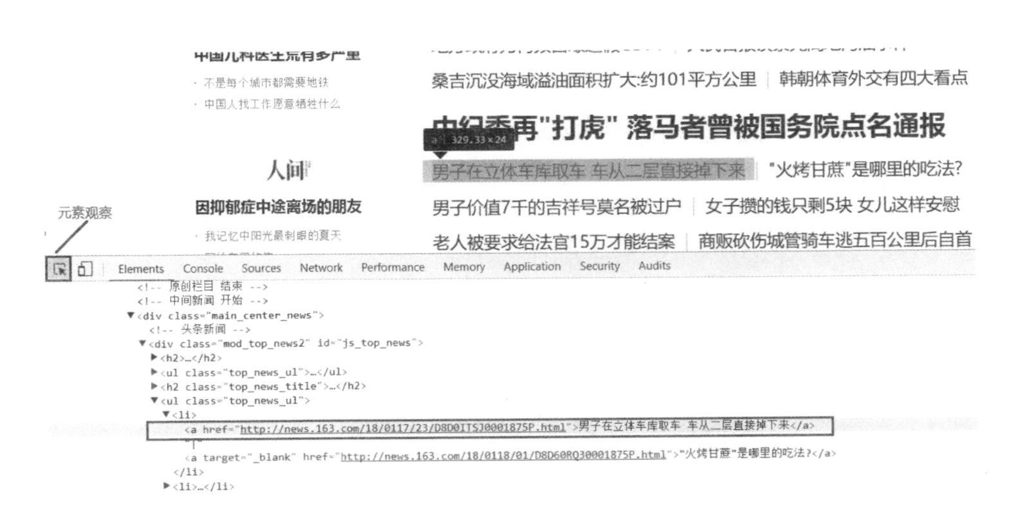

图 6.3　通过元素观察按钮分析数据格式

通过开发者工具了解了网页大致结构后，就可以着手编写爬虫程序，爬取网页的 HTML 源码。代码示例如下：

```
import urllib.request
url = 'http://news.163.com'
head = {}
head['User-Agent'] = 'Mozilla/5.0 (Windows NT 10.0; WOW64) AppleWebKit/537.36 (KHTML, like Gecko) Chrome/60.0.3112.90 Safari/537.36'
req = urllib.request.Request(url, headers = head)
response = urllib.request.urlopen(req)
h1 = response.read()
print(h1)
type(h1)    #显示变量 h1 的数据类型
```

该段程序通过 Urllib 库访问 URL,获取网页的 HTML 源码,并将 HTML 源码保存到变量 h1 中。此时如果将变量 h1 的内容输出,会发现输出内容的中文部分为乱码,造成乱码的原因是变量 h1 的类型为二进制,并不是字符串类型。通过 type 函数查看变量 h1 的类型,可以发现 h1 为 bytes 类型,即二进制类型。

6.1.2 将 bytes 对象转换为字符串

爬取的网页的 HTML 源码为 bytes 类型的对象,要进一步对 HTML 源码进行处理和分析,就需要将 bytes 类型对象转换为我们熟悉的字符串类型。这样我们才能采用正则表达式对字符串中感兴趣的信息进行匹配和提取。本部分将重点讲解 Python3 中二进制类型与字符串类型编码的转换问题。

1. 编码规则

在计算机中,所有的数据在存储和运算时都要使用二进制数字表示,而具体哪些二进制数字表示哪个符号,这就需要一定的编码规则来进行约定。实质上,程序语言中的编码就是文本信息与二进制相互转化的一套规则。目前我们能接触到的常用编码规则包括:ASCII、GBK2312、Unicode。

1) ASCII 编码

20 世纪 60 年代,美国制定了一套字符编码,对英语字符与二进制位之间的关系做了统一规定,这被称为 ASCII 码,一直沿用至今。ASCII 码一共规定了 128 个字符的编码,这 128 个符号(包括 32 个不能打印出来的控制符号),只占用了一个字节的后面 7 位,最前面的 1 位统一规定为 0。

2) 中文 2312 和 GBK 编码

对于英语来说 128 个字符就已经够用了,但是对于其他语言来说却不够。因此针对不同的语言先后出现了多种编码方式,例如针对简体中文的 GB2312

和 GBK 编码，针对繁体中文的 BIG 编码，等等，这些编码方式都使用多个字节表示一个字符。

3）Unicode

随着越来越多的编码方式的出现，急需一种能够包含全世界所有符号的编码系统来消灭乱码，这种编码系统就叫作 Unicode。Unicode 只是一套编码系统，包含所有字符集，却并没有规定编码后的二进制代码如何存储。UTF-32 使用 4 个字节存储每一个字符，但是对于英文字符来说，使用 ASCII 编码只需1 个字节即可存储，这极大地浪费了存储空间。因此出现了一种变长的编码方式 UTF-8。UTF-8 是使用最广泛的 Unicode 编码实现方式，使用 1～4 个字节表示一个字符，根据不同的字符变化长度。比如对于英文字符而言，1 个字节就够了，但是对于中文，可能需要 2～4 个字节才能存储。

Python2 的程序文件默认使用 ASCII 编码，这造成了程序中的中文会出现不兼容的问题，因此 Python3 的程序文件默认采用 UTF-8 的编码。可以采用 sys 模块的 getdefaultencoding()函数返回 Python 程序文件的默认编码格式，也可以通过函数 getdefaultencoding()将 Python2 的默认编码格式设置为 UTF-8。

```
import sys
sys.getdefaultencoding()    #返回程序文件的默认编码格式
```

2. 二进制类型与字符串类型的转换

Python3 明确地将二进制数据类型定义为 bytes，将字符串数据类型定义为 str。bytes 类型与 str 类型之间的转换被称为解码与编码两个互逆的过程。其中，decode(解码)是指将二进制对象转化为符合某种编码规则的字符串，encode(编码)则是将字符串转换为符合某种编码规则的二进制对象。实质上，解码与编码是二进制对象与字符串对象相互转换的正反两个过程。

在 Python3 中，由于程序的默认编码规则为 UTF-8，因此在读取外部文件时，特别是包含中文字符的外部文件时(文本文件、网页文件等)，通常都将文件中的二进制文本数据解码并转换为 UTF-8 编码格式的字符串，再进行处理与分析。Python 中二进制对象的 decode 方法可以将二进制文本按某种解码方式解码，并转换成 UTF-8 格式的字符串。与之相反，字符串对象的 encode 方法则可以将 UTF-8 编码的字符串，以别的编码规则转换为二进制字符串。示例代码如下：

```
s = '你们好 you are welcome'   #python3 中字符串的默认编码为 utf-8
type(s)                        #变量 s 的类型为 str
```

```
a = s.encode('gb2312') # 将字符串按 gb2312 的编码格式编码为字节对象 a
type(a) # 返回 a 的类型为 bytes
print(a) # 输出字节对象 a
a.decode('utf-8') # 将字节对象以 utf-8 格式解码为字符串，程序报错
```

本段代码通过字符串对象 s 的 encode 方法，将字符串以 GB2312 的编码规则编码为二进制对象 a。type(a)查看对象 a 的类型返回 bytes 类型，print(a)字节对象输出后的格式为 b'\xc4\xe3\xc3\xc7\xba\xc3 you are welcome'。执行 a.decode('utf-8')程序将报错，因为字节对象 a 的编码规则为 GB2312，而采用 UTF-8 规则解码则报错。正确的代码应该为 a.decode('gb2312')。

在了解了 bytes 与 str 数据类型的转换和编码规则的概念后，我们就可以将上一节所爬取的网易新闻中心的 bytes 数据类型的 HTML 源码，转换为 str 字符串类型。但在转换之前，需要了解该 bytes 对象的编码方式。查看网页源码如图 6.4 所示，charset 属性设置为“gbk”，因此该网页采用 gbk 编码规则。

```
1  <!DOCTYPE HTML>
2  <!--[if IE 6 ]> <html id="ne_wrap" class="ne_ua_ie6 ne_ua_ielte8"> <![endif]-->
3  <!--[if IE 7 ]> <html id="ne_wrap" class="ne_ua_ie7 ne_ua_ielte8"> <![endif]-->
4  <!--[if IE 8 ]> <html id="ne_wrap" class="ne_ua_ie8 ne_ua_ielte8"> <![endif]-->
5  <!--[if IE 9 ]> <html id="ne_wrap" class="ne_ua_ie9"> <![endif]-->
6  <!--[if (gte IE 10)|!(IE)]><!--> <html id="ne_wrap" phone="1"> <!--<![endif]-->
7  <head>
8  <meta http-equiv="Content-Type" content="text/html; charset=gbk">
9  <meta name="model_url" content="http://news.163.com/special/index2015/" />
10 <title>网易新闻</title>
11 <base target="_blank" />
12 <meta name="keywords" content="新闻,新闻中心,新闻频道,时事报道" />
```

图 6.4　网易新闻中心网页源代码

采用 bytes 对象的 decode()方法，将其转换为字符串对象。示例代码如下：

```
h2 = h1.decode('gbk')
print(h2)
```

将新闻中心 HTML 源码从 bytes 类型转换为字符串，编码规则为 gbk。输出变量 h2 的内容，发现中文部分输出正常。

6.1.3　提取 URL 与新闻标题

最后只需要编写正则表达式，匹配并提取字符串 h2 中的新闻网址与标题。

根据对网页结构的分析，新闻链接的网址在字符串“href=""和""〉”之间，并且是以.html结尾；该链接对应的新闻标题紧随其后，并以“〈/a〉”标签结尾。在本实例中可以利用re.findall( )函数中使用带“( )”的正则表达式，提取链接地址和标题。示例代码如下：

```
import re
content = re.findall('a href = "(http://. + ?.html)">(. + ?)</a>',h2)
print(content)   #输出列表内容
```

正则表达式'a href="(http://.+?.html)"〉(.+?)〈/a〉'中使用两个括号来分别提取链接地址和新闻标题。content变量为一个列表，该列表由元组构成，每个元组分别包含两个元素，这两个元素对应正则表达式中两个括号所匹配的内容。

6.2　通过Session模拟登录豆瓣

大部分网站限制了非登录用户的访问权限，例如“豆瓣网”“知乎”等，用户只有在登录状态下才能浏览更多的内容。这也给爬虫程序提出了新的要求，由于爬虫程序只是模拟用户操作浏览器访问网页的整个过程，既然用户需要登录网站才能浏览，那爬虫程序也必须模拟用户的登录过程，才能突破网站的限制。

虽然在前文中，我们已经讲解了模拟浏览器进行用户登录的原理与实现方法，但是这里仍然有一个问题需要解决。那就是在登录完成后，访问服务器上的其他网页时，服务器如何识别已经登录的用户？如果爬虫程序完成了登录操作，但爬虫在访问该网站的其他URL时，服务器还是不知道该爬虫是已经完成登录的爬虫，这样还是不能突破网站的登录权限限制。

本节将通过实例演示如何通过Session技术实现“豆瓣网”的模拟登录，并保持登录状态，爬取某部电影的影评数据。

6.2.1　爬虫模拟登录原理

HTTP协议是无状态的协议，一旦数据交换完毕，客户端与服务器端的连接就会关闭，再次交换数据需要建立新的连接，这就意味着服务器无法从连接上跟踪会话。可以做一个形象的比喻，用户A购买了一件商品放入购物车内，当再次购买商品时服务器已经无法判断该购买行为是属于用户A的会话还是用户B的会话了。因此，为了解决HTTP协议缺乏状态识别机制这一问题，引入了服务器识别登录用户并进行会话跟踪的两种机制：Cookie和Session。Cookie通过在客户端记录信息确定用户身份，Session通过在服务器端记录信息确定用户身份。接下来对这两种用户状态跟踪机制做一个简单介绍。

1. Cookie

当用户通过 HTTP 协议向访问服务器第一次发送 Request 时,服务器会在 Respond 中向浏览器返回一些类似字典格式的附加数据,并会给这些附加数据设置一些限制条件。当该用户下次再向服务器发送 Request 请求时,将一并附上这些附加数据。服务器收到来自浏览器的第二次 Request 后,会检查这些附加数据,如果符合限制条件,将认为这两次 Request 来自同一个用户。这就是 Cookie 的基本工作原理。

可以将 Cookie 形象地比喻为服务器给每个浏览器发放的身份证,这个身份证将存放在用户的浏览器中。在后续的访问过程中,服务器都会检查浏览器的身份证,以此来识别浏览器是不是老用户。目前 Cookie 主要分为两类:一类是会话 Cookie,不设置过期时间,保存在浏览器的内存中,关闭浏览器,Cookie 便被销毁;另一类是普通 Cookie,设置了过期时间,保存在用户电脑的硬盘上。

2. Session

Cookie 的特点是存储在客户端,这样减少了服务器的存储压力,但是每次客户端向服务器发送请求都必须带着 Cookie,这也无形中增加了客户端与服务端的数据传输量。Session 的出现正是为了解决这个问题。Session 是服务器端使用的一种记录客户端状态的机制,使用上比 Cookie 简单快捷,但由于存储在服务器上,因此也增加了服务器的存储压力。

同一个客户端和服务端交互时,不需要每次都传回所有的 Cookie 值,只需要传回一个 Session ID。Session ID 是客户端第一次向服务器发送 Request 请求时,由服务器生成的客户端 ID,同一客户端在后续发送 Request 请求时,只要向服务器出示这个唯一的 Session ID 即可。

如果说 Cookie 是通过检查用户随身携带的“身份证”来识别用户身份的话,那么 Session 就是通过检查服务器上的“用户列表”来确认用户身份。Session 相当于在服务器上建立的一份客户档案,用户访问的时候只需要报上 ID,然后根据 ID 查询用户列表就可以了。

6.2.2 网页结构分析

1. 登录页面分析

如图 6.5 所示,以豆瓣网需要输入验证码进行登录的页面为例。首先,进入该页面的“开发者工具”界面,并在网页中输入用户名、密码、验证码,点击登录,查看整个登录过程的 Network 信息,如图 6.6 所示。

图 6.5　带验证码的用户登录页面

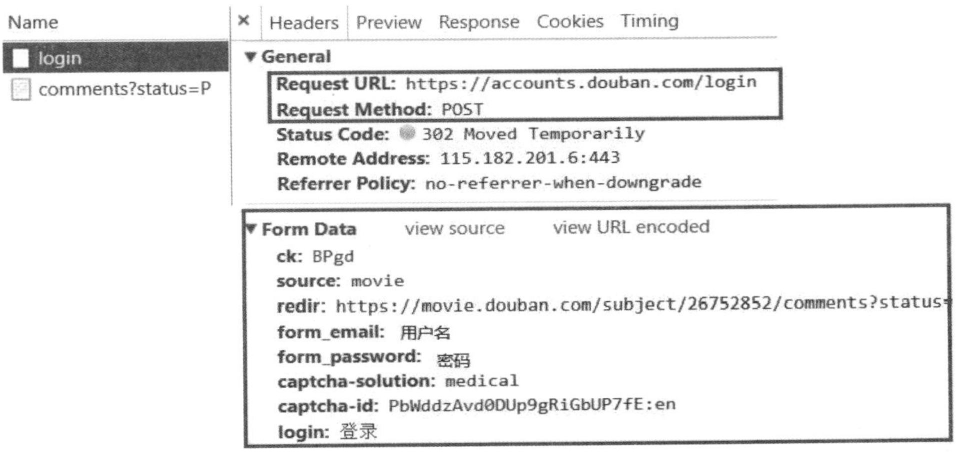

图 6.6　登录过程的 Network 信息

从 Network 信息中不难发现，提交登录信息的目标网址为“https://accounts.douban.com/login”，提交信息的方法为 POST 方法，提交的 DATA 表单主要包括：form_email（用户名）、form_password（密码）、captcha-solution（验证码）、captcha-id（验证码 id）。在爬虫程序中给表单数据赋值时，form_email 和 form_password 为自己的用户名和密码，captcha-solution 为从抓取的验证码

图片中识别出的验证码，captcha-id 为验证码 ID，验证码 ID 的值需要在登录页面的 HTML 源代码中抓取。

进入图 6.7 所示的登录页面的 HTML 源码界面，在源码中可以找到验证码图片的链接地址，抓取该地址后需要下载验证码图片。人工识别验出验证码后，将验证码赋值给表单的键“captcha-solution”，同时验证码 ID“captcha-id”的值，也可以在该页面中获得。

```
<img id="captcha_image" src="https://www.douban.com/misc/captcha?id=jsQnZfi5GRimUWqY7sDbfFuH:en&amp;size=s" alt="captcha" class="captcha_image"/>
<div class="captcha_block">
  <span id="captcha_block"  class="pl">请输入上图中的单词</span>
  <input type="text" id="captcha_field" name="captcha-solution" tabindex=3 placeholder="验证码" />
  <input type="hidden" name="captcha-id" value="jsQnZfi5GRimUWqY7sDbfFuH:en"/>
</div>
```

图 6.7　登录界面的 HTML 源码

在对豆瓣网的登录界面的网页结构进行分析之后，可以将模拟登录爬虫的实现步骤总结为：

(1) 获取登录页面的 HTML 源码，通过正则表达式提取验证码图片的链接地址、验证码的 ID 值。

(2) 下载验证码图片到本地，自己查看验证码图片(也可以通过机器学习方法自动识别验证码图片的值)，并将验证码赋值给表单的 captcha-solution 键，将提取的验证码 ID 值赋值给表单的 captcha-id 键，并将自己的用户名和密码分别赋值给表单的 form_email 和 form_password 键。

(3) 通过 POST 方法将表单信息传给地址 https://accounts.douban.com/login，记录 Session 或 Cookie 信息，完成登录。本实例中将记录返回的 Session 信息，通过会话的方式记录用户的登录情况。

2. 影评页面分析

完成登录并记录 Session 信息后，便可以访问其他 URL，并爬取相关页面的目标信息。本实例的任务是爬取某一部电影的影评信息，选取电影《水形物语》。进入该部电影的影评页面的首页(见图 6.8)，并在开发者工具中跟踪网页的加载过程，可以发现该页面使用 GET 方法发送请求。

查看影评页面首页的 HTML 源码，如图 6.9 所示，观察评论文本和下一页链接地址的格式。可以发现该部电影的影评页面的下一页链接地址为基础地址(“https://movie.douban.com/subject/26752852/comments”)与爬取的链接地址的拼接。

综合以上网页结构的分析，可以将影评部分爬虫程序的实现思路归纳为：通过正则表达式提取出当前页的评论信息并存储，同时提取下一页影评页面的链

图 6.8　电影《水形物语》的影评首页

接地址，并循环地爬取下一页的评论信息，直到下一页链接地址为空。需要注意的是，为了突破对非登录用户的访问限制，通过 GET 方法爬取每一页影评数据的同时，都需要向服务器发送 Session ID。

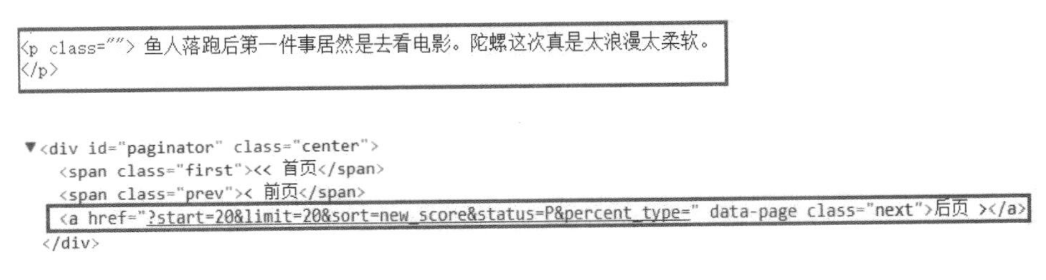

图 6.9　电影《水形物语》影评首页 HTML 源码

6.2.3　爬虫代码实现

由于本实例将使用 Session 技术在客户端保存会话信息，而 Urllib 库在这方面的实现非常复杂。因此，本实例改用 Request 库实现 URL 的访问与 Session 的交互。Request 库是在 Urllib 库的基础上进行二次开发后实现的。因此，其原理与 Urllib 一致，但使用起来更加方便。另外，在编写模拟登录爬虫时，使用 Request 库的 Session 方法可以非常方便地保存会话信息。

（1）需要定义一个获取验证码图片并输入验证码信息的函数get_idcode()，该函数包括四个参数。

①session：为一个会话对象，该参数是由入口程序定义的一个全局对象。本实例中凡是要通过 GET 或 POST 方法访问 URL 时，都需要在该对象下使用，这样可以保证与服务器之间的信息传递在同一个会话下进行。

②login_url：为登录界面的地址。

③head：是模拟登录浏览器的头信息。

④data：该参数也是由入口程序定义的一个全局变量，用于保存登录时需要提交的表单信息。

定义 get_idcode(session,login_url,head,data)函数的代码如下：

```
#导入 re、requests 和 time 库，注意这里的 requests 库并不是 urllib.request 模块
import re,requests,time
def get_idcode(session,login_url,head,data):
    try:
        htmls = session.get(login_url,headers = head).text
        # 获取验证码图片地址和验证码 id
        captcha_img = re.findall(img_pattern, htmls)[0]
        captcha_id = re.findall(id_pattern, htmls)[0]
        # 将验证码图片保存到本地文件
        with open('idcode.jpg', 'wb') as f:
            captcha_img = session.get(captcha_img) #根据验证码图片地址获取验证码图片
            f.write(captcha_img.content)
        # 等待用户输入验证码
        captcha = input('输入验证码')
        # 将验证码和 id 放入表单中
        data['captcha-solution'] = captcha
        data['captcha-id'] = captcha_id
    except Exception as e:
        print(e,'不需要输入验证码')
```

该函数的主要任务是根据下载的验证码图片获取验证码信息，同时获取验证码 ID，并将这两个值赋给全局变量 data。img_pattern 和 id_pattern 也是在入口程序中定义的全局变量，表示定位验证码图片地址和验证码 ID 值的正则表达式。

(2) 定义登录函数 login,该函数通过全局 session 对象的 POST 方法将表单信息提交给接受登录信息的地址,从而完成登录过程。

```
def login(session,login_url,head,post_data):
    session.post(login_url,headers = head,data = post_data)
```

需要注意的是,该函数最为重要的参数 post_data 为 Post 方法的表单数据,该变量是在入口函数中赋值的字典。post_data 中 'captcha-solution' 和 'captcha-id' 键的值,是通过第一步定义的 get_idcode() 函数获得的,'form_email' 键和 'form_password' 键是在入口函数中直接赋值的。

(3) 完成了验证码函数和登录函数的定义后,需要编写爬取影评数据的功能函数。爬取影评数据需要完成三项任务:首先,访问 URL 地址获取该影评网页的 HTML 源码,get_html(session,target)函数负责此项功能;其次,从获取的 HTML 源码中,提取评论信息和下一页 URL 地址,get_data(html)函数完成此项功能;最后,将获取的每一页影评信息存入文本文件,这项任务由 sort_data(data,f)函数完成。

三个函数的示例代码如下:

```
def get_html(session,target):
    #利用 session 对象的 get 方法,访问 URL
    response = session.get(target, headers = head)
    response.encoding = "utf-8"
        return response.text
def get_data(html):
    comment = re.findall(comment_pattern,html)  #提取评论
    next_page = re.findall(next_pattern,html)  #提取下一页链接
    return comment,next_page
def sort_data(info,f):
    comment = info[0]
    for n in range(len(comment)):
        f.write(comment[n].strip() + '\n')  #去掉首位空格后,存入
文件
```

(4)编写入口程序。通过入口程序定义全局变量,并组织各个函数,实现登录与影评信息的爬取与存储,代码如下:

```
#打开用于存放影评信息的文本文件
f = open('d:/douban.txt','a',encoding = 'utf-8')
#定义影评首页的 first_url 以及下一页链接地址不变的部分 base_url
base_url = 'https://movie.douban.com/subject/26752852/comments'
first_url = 'https://movie.douban.com/subject/26752852/comments?status = P'
#定义四个正则表达式,分别用于提取验证码图片、验证码 ID、影评数据、下一页地址
img_pattern = '<img id = "captcha_image" src = "([\d\D] * ?)" alt = "captcha" class = "captcha_image"/>'
id_pattern = '<input type = "hidden" name = "captcha-id" value = "([\d\D] * ?)"/>'
comment_pattern = '<p class = "">([\d\D] * ?)</p>'
next_pattern = '<a href = "(. + ?)" data-page = "" class = "next">后页></a>'
#定义伪装浏览器的头文件信息
head = {'User-Agent': 'Mozilla/5.0 (Windows NT 10.0; WOW64) AppleWebKit/537.36 (KHTML, like Gecko) Chrome/60.0.3112.90 Safari/537.36'}
#定义登录页面的 URL
login_url = 'https://accounts.douban.com/login'
#定义表单的基本格式
data = {'source': 'None',
    'redir': 'https://www.douban.com/',
    'form_email':'登录用户名',
    'form_password': '登录密码',
    'login': '登录'}
#通过 requests 库定义一个全局的 session 对象,存放会话信息
session = requests.Session()
#获取验证码
get_idcode(session,login_url,head,data)
#登录
login(session,login_url,head,data)
```

```
target = first_url
i = 0
while True:
    html = get_html(session,target)   #爬取影评页 html
    info = get_data(html)             #从 html 中提取信息
    sort_data(info,f)                 #将评论信息存入文件
    print(str(i) + '页下载完毕')
    if info[1]:                       #如果下一页地址不为空,则继
续爬取
        i = i + 1
        target = base_url + info[1][0]
        html = get_html(session,target)
        info = get_data(html)
        sort_data(info,f)
        time.sleep(1)
    else:
        print('所有影评下载完毕')
        break
f.close()
```

6.3 链家二手房信息爬虫

本实例的主要任务是抓取链家二手房房源信息。实现这一任务的爬虫编写思路如下:首先,分析房源列表与房源详情页面的网页结构,确定我们感兴趣的数据的位置;其次,针对每项需要抓取的信息,制定信息提取方案;最后,将爬取的 HTML 源码转换为标签树结构,通过 BeautifulSoup 库提取标签树结构中的信息。

6.3.1 网页结构分析

进入上海链家二手房源列表页面,该页面呈现了近期上海二手房源的列表信息。如图 6.10 所示,最多呈现 100 页二手房信息,每一页的访问网址为"http://sh.lianjia.com/ershoufang/pg",pg 后的阿拉伯数字表示要访问的页码。

每一个二手房源的列表信息在一个类名为"title"的〈div〉标签中。每个二

手房源的详情页网址信息，为该〈div〉标签的子节点标签〈a〉的 href 属性值。

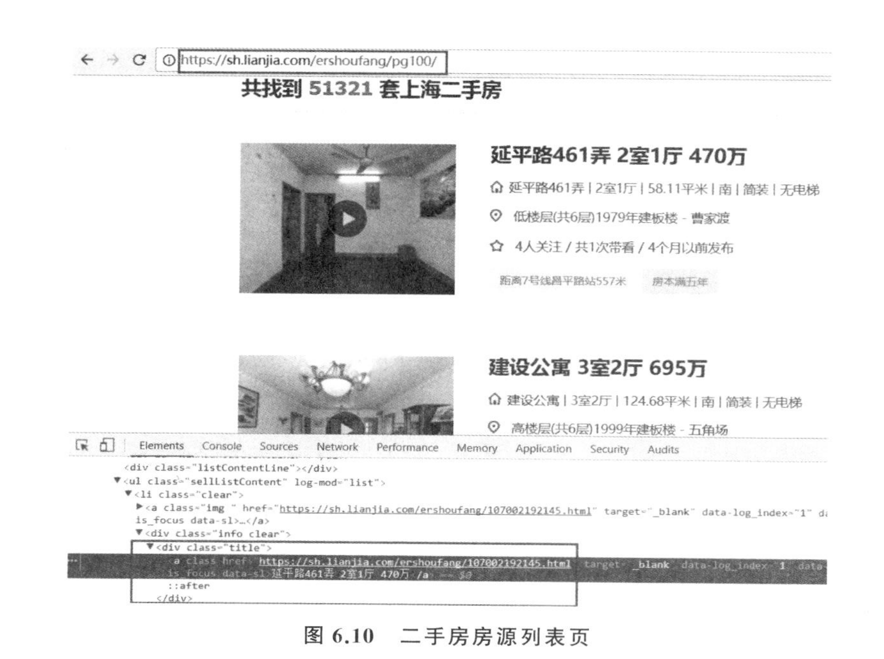

图 6.10　二手房房源列表页

点击二手房的详情页链接进入详情页页面(见图 6.11)，可在该页面提取二手房挂牌总价、所在小区、区域信息、基本属性和交易属性等信息。

图 6.11　二手房详情页

通过对列表页面和详情页面的结构分析，可以将该爬虫的实现步骤总结为以下两步：首先，在循环中遍历访问 100 个二手房源列表页面，在每个页面中获取每个二手房源的详情页网址。其次，访问每个二手房源的详情页，在详情页面中提取二手房挂牌总价、所在小区、区域信息、基本属性和交易属性等信息。

6.3.2　制定信息提取方案

进一步分析需要提取信息的标签结构，制定信息的爬取方案。

(1) 提取列表页面“详情页网址标签”：如图 6.10 所示，在二手房列表页面中，详情页面地址包含在类名为“title”的〈div〉标签下的〈a〉标签中。要定位该〈a〉标签需要先匹配它具有“title”类名的直接父节点〈div〉，因此，通过 BeautifulSoup 的 CSS 选择器，提取包含详情页面地址的〈a〉标签，表达式为 soup.select('div.title 〉 a')。

(2) 提取详情页“总价标签”：如图 6.12 所示，总价信息包含在一个 class 为“total”的〈span〉标签中。定位该〈span〉标签，不需要先定位其上一级标签，因此，可直接采用 find_all()方法，表达式为 soup.find_all('span',class_='total')。

图 6.12　总价信息标签

(3) 提取详情页“小区名称标签”：如图 6.13 所示，所在小区名称标签包含在类名为“communityName”的〈div〉标签下的〈a〉标签中。由于〈div〉标签下包含 2 个〈a〉标签，还需要进一步定位包含小区名称的〈a〉标签的条件，符合条件的〈a〉标签类名为“info”。通过 CSS 选择器提取该标签信息的表达式为 soup.select('div.communityName a.info')。

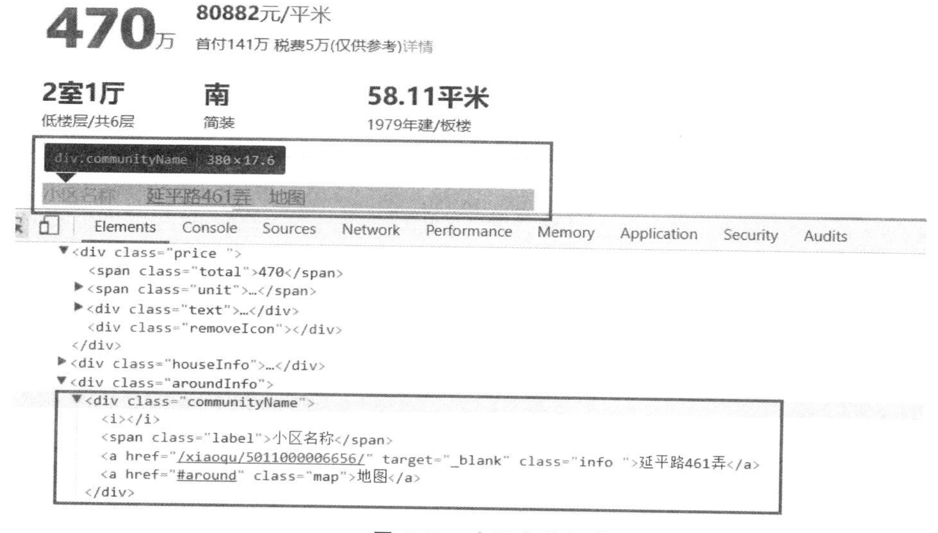

图 6.13　小区名称标签

(4) 提取详情页"区域标签":如图 6.14 所示,所在区域信息包含三部分,分别是区、板块位置和环线位置。这三部分信息包含在类名为"info"的〈span〉标签中,要定位该〈span〉标签还需定位它的父标签。其父标签为类名为"areaName"的〈div〉标签。CSS 选择器的表达式为 soup.select('div.areaName span.info')。

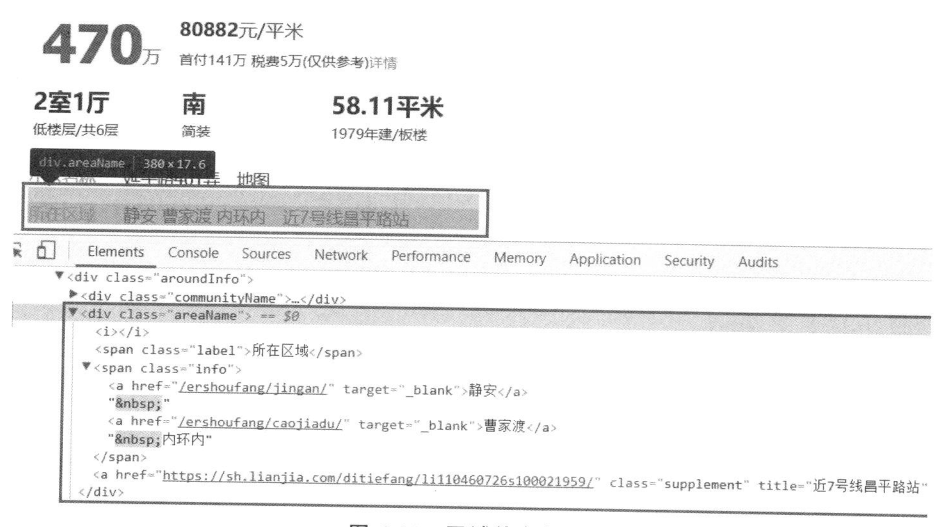

图 6.14　区域信息标签

（5）提取详情页“基本属性”“交易属性”标签：如图 6.15 所示，详情页包含了多个二手房的基本属性和交易属性信息，这些属性都包含在〈li〉标签下。其中属性的名称，例如“房屋户型”“户型结构”等信息包含在类名为“label”的〈span〉标签中。而具体的属性值，如图 6.15 中的“2 室 1 厅 1 厨 1 卫”，该信息作为文本节点，可以通过〈span〉标签的下一个兄弟节点来定位。属性名称定位的 CSS 过滤器表达式为 soup.select('li span.label')；属性值匹配的表达式为 Tag.next_sibling.text，其中 Tag 为类名为 label 的〈span〉标签。

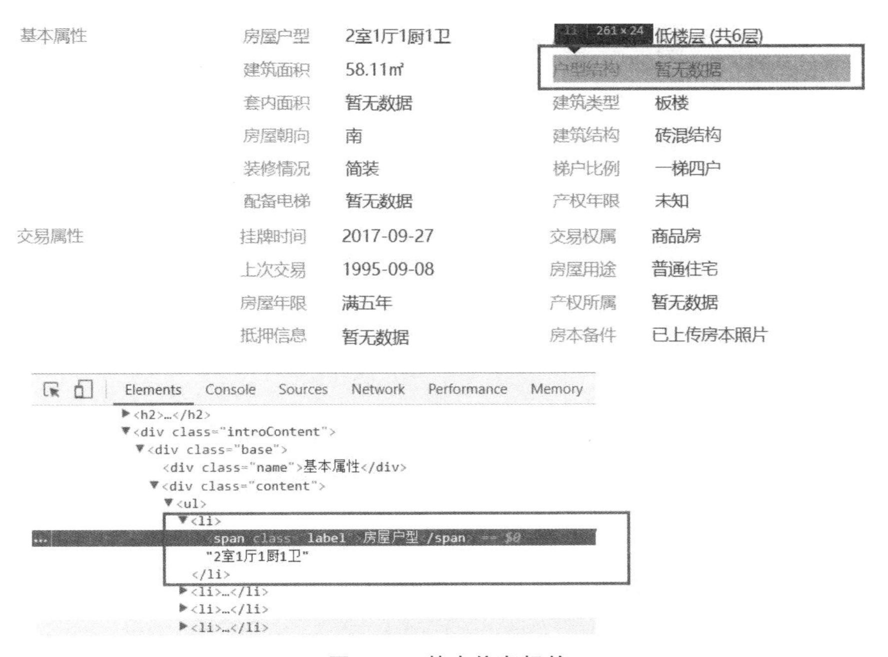

图 6.15　基本信息标签

6.3.3　代码实现

在完成对网页结构与信息提取表达式的分析后，接下来可以着手爬虫代码的实现。

（1）编写提取二手房详情页网址的函数。示例代码如下：

```
import urllib.request,re
from bs4 import BeautifulSoup
def abs_apart_link(html,key_list):
    soup = BeautifulSoup(html,'html.parser')
    #在类名为 title 的〈div〉标签的直接子节点中提取〈a〉标签
```

```
    apart_list = soup.select('div.title > a')
    for apart in apart_list:
        key_list.append(apart.attrs['href'])    # 提取 Tag 对象的
href 属性值
```

定义的 abs_apart_link()函数有两个传入参数,HTML 参数为二手房源列表页面的 HTML 文档,从 HTML 文档中提取的详情页网址以列表的形式存入 key_list 参数中,key_list 参数为全局变量。该函数首先将 HTML 文档转换为标签树结构对象,再通过 CSS 选择器定位包含链接地址的标签,最后遍历apart_list 标签列表,通过提取标签的 href 属性,将网址信息添加到 key_list 列表中。

(2) 编写提取二手房详情页面信息的函数,需要提取的信息包括房屋编号、总价、小区名称、区域信息、基本属性、交易属性。示例代码如下:

```
def abs_apart_info(url):
    response = urllib.request.urlopen(url,timeout = 3)
    html = response.read()
    soup = BeautifulSoup(html,'html.parser')
    # 利用正则表达式提取房屋编号
    num = re.findall('ershoufang/(.+?).html',url)
    f1.write(num[0] + ',')
    # 提取总价标签
    total = soup.find_all('span',class_ = 'total')[0].text.strip()
    f1.write(total + ',')
    # 提取小区名称标签
    f1.write(soup.select('div.communityName a.info')[0].text.strip
() + ',')
    # 提取区域标签
    a = soup.select('div.areaName span.info')[0].text.strip()
    f1.write(a.replace('\xa0',' ') + ',')
    # 提取基本属性和交易属性标签
    for apart in soup.select('li span.label'):
        f1.write(apart.next_sibling.strip() + ',')
    f1.write('\n')
    f1.flush()
```

abs_apart_info()函数的主要功能为提取二手房详情信息，并将信息写入文本文件，各信息间用逗号隔开。这样的文本文件可以方便地进行后期的数据处理和分析，该函数的传入参数URL为详情页的链接地址。函数首先通过Urllib库爬取详情页HTML文档，并将该文档转化为标签树结构对象。URL地址的最后一部分正好为“房屋编号”，通过正则表达式从URL地址中匹配并提取房屋编号信息；其他信息则根据信息提取的分析方案进行提取。最后通过Tag.text属性从定位到的标签中提取具体的文本信息，字符串对象的strip()方法可以剔除文本信息开头和结尾的空格或换行。

(3) 通过abs_apart_link()函数，遍历并提取100个二手房列表页面中所有二手房源详情页地址。示例代码如下：

```
import urllib.request
from bs4 import BeautifulSoup
key_list = []
url = 'http://sh.lianjia.com/ershoufang/pg'
for i in range(100):
    print('第'+ str(i + 1) + '页')
    pageurl = url + str(i + 1)
    try:
        response = urllib.request.urlopen(pageurl,timeout = 5)
        html = response.read()
    except:
        print("爬取失败_____")
        continue
    print("爬取成功_____")
    abs_apart_key(html,key_list)
```

该段代码，在循环中遍历100个列表页页面，爬取每个页面HTML文档时设定timeout参数为5秒。由于爬取HTML文档时经常会出现错误，因此加入try except异常处理语句，并提示“爬取成功”或“爬取失败”。爬取的详情页地址存入全局列表变量key_list中。

(4) 通过abs_apart_info()函数提取详情页信息，并写入文本文件中。示例代码如下：

```
Import re
#写入字段名
f1 = open('d:/lianjia.txt','a')
url0 = key_list[0]
response = urllib.request.urlopen(url0)
html = response.read()
soup = BeautifulSoup(html,'html.parser')
f1.write('房屋编号'+','+'总价'+','+'小区'+','+'区域')
#提取基本属性和交易属性的字段名,并写入文件
for apart in soup.select('li span.label'):
    f1.write(','+apart.text.strip())
f1.write('\n')
#写入详情页信息
for i in range(len(key_list)):
    try:
        abs_apart_info(key_list[i])
        print(str(i)+'提取成功')
    except:
        print(str(i)+'提取失败')
        continue
f1.close()
```

该段代码,首先将字段名写入文本文件,然后在循环中遍历 key_list 列表中的详情页网址,通过 abs_apart_info()提取每个详情页的二手房信息,并写入文本文件中。由于爬取详情页 HTML 文档时可能会出错,因此将该部分代码放入异常处理语句中。

6.4 爬取拉勾网 JSON 格式数据

本实例的主要任务是抓取拉勾网与"数据"相关职位的招聘信息,以及每个招聘职位的岗位说明与招聘要求。实现这一任务的爬虫编写思路如下:由于本实例中,服务器并不是以静态 HTML 的格式向浏览器返回职位数据。因此,首先需要找到浏览器通过哪个 Request 向服务器提交的职位搜索请求,从而确定该请求的 URL 地址,以及服务器到底以什么格式返回数据;然后再通过相应方

法解析返回的数据格式，提取我们感兴趣的数据。

6.4.1 网页结构分析

进入拉钩网职位搜索页面，工作地点选择“全国”，其他条件设置为“不限”，在搜索框输入“数据”进行职位搜索，如图 6.16 所示。

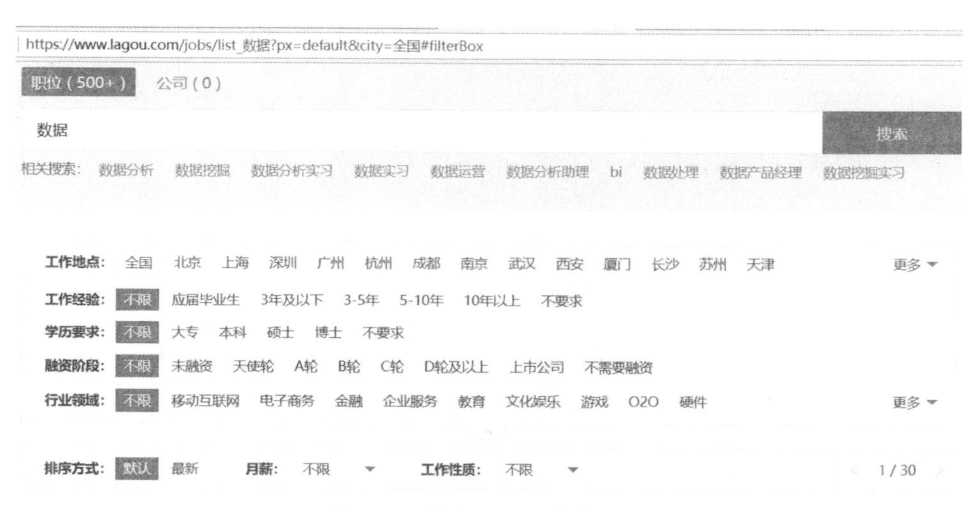

图 6.16　拉勾网职位搜索页面

进入该搜索页的 HTML 源代码页面，发现该页面的 HTML 源代码中并没有与搜索结果相关的职务信息。这说明搜索页面所显示的招聘职位信息并不是以静态的 HTML 形式传回给浏览器的，这与前面的爬虫项目实例并不相同。进入“开发者界面”监听这个职位搜索过程的 request 与 respond 过程，如图 6.17 所示。在这个过程中，浏览器共发出了 103 个 request，通过 request 的类型筛选，依次查看 Doc 类型和 JS 类型的 request，发现没有与职位信息相关的 request。进一步查看 XHR 类型的 request，发现在 positionAjax.json 请求中，以 POST 的形式向服务器发送了表单信息。这里的 XHR（XMLHttpRequest）类型的 Request 可以同步或异步地返回 Web 服务器的响应，并且能够以文本或者一个 DOM 文档的形式返回请求内容。

查看 positionAjax.json 请求的 Headers，获得该 Request URL，请求方法为 POST，通过 POST 方法向 URL 提交的数据表单包含三项数据：first，pn 和 kd。first 参数表明是否请求搜索页面的第一页，pn 为请求返回搜索页面的页码，kd 为搜索关键字。

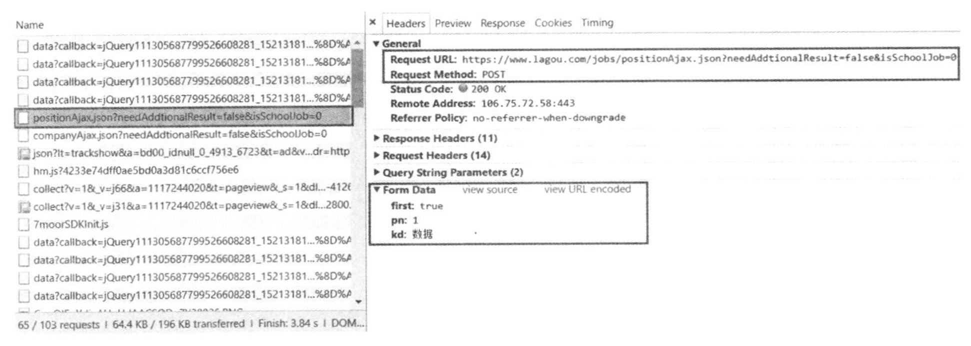

图 6.17 职位搜索的过程监听

分析到此,我们已经知道了,在搜索职位信息这个过程中,浏览器向服务器哪个地址提交数据(Request URL)? 以什么方法提交数据(Request Method)? 提交了哪些数据(Form Data)? 但是,我们还不知道服务器返回给该请求的数据格式。单击 positionAjax.json 请求的 Response 标签,返回的数据格式如图 6.18所示,发现返回的数据是以字典形式存放的 JSON 格式。

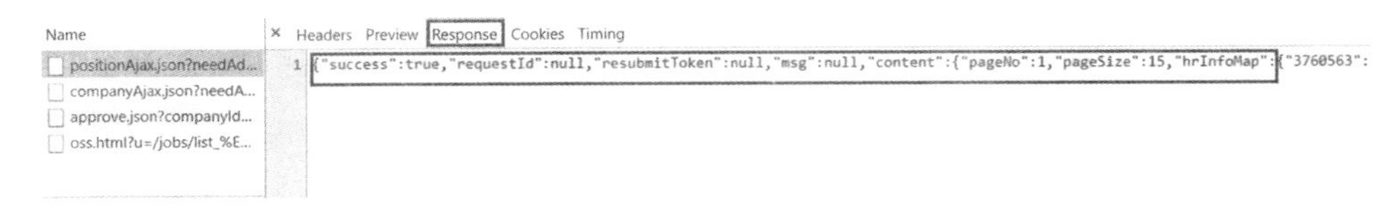

图 6.18 数据返回格式

由于返回的 JSON 数据层级结构较为复杂,为了更清楚地了解 JSON 格式的层次结构,一个简单且实用的办法是通过一些在线的 JSON 数据格式化工具,将 JSON 数据格式转换为层级结构。转换后的 JSON 格式数据的层级结构如图 6.19所示。totalCount 键返回搜索结果的总职位数,resultSize 键表示每一页返回的职位数,result 键返回 15 个职位的具体信息。

```
{⊟
    "success": true,
    "requestId": null,
    "resubmitToken": null,
    "msg": null,
    "content": {⊞…},
    "code": 0
}

"content": {⊟
    "pageNo": 1,
    "pageSize": 15,
    "hrInfoMap": {⊞…},
    "positionResult": {⊞…}
},

"positionResult": {⊟
    "totalCount": 490,
    "locationInfo": {⊞…},
    "resultSize": 15,
    "queryAnalysisInfo": {⊞…},
    "strategyProperty": {⊞…},
    "hotLabels": null,
    "hiTags": null,
    "result": [⊞…]
}
```

图 6.19 JSON 数据层级结构

result 键下的子键 positionId 返回该职位的 ID 信息，根据职位 ID 信息可以方便地构造职位详情网页的 URL，如图 6.20 所示。在职位详情页面的 HTML 源码中，可以发现我们感兴趣的职务描述信息位于〈dd class＝"job-advantage"〉标签下。

Python 针对 JSON 数据处理，专门开发了 JSON 库，关于 JSON 库的具体用法可参见官网的相关文档 https://docs.python.org/3/library/json.html。

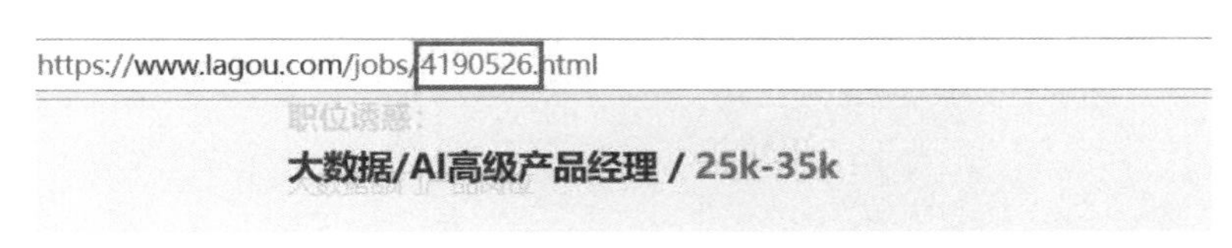

职位描述：

岗位职责：

1，熟悉汽车之家大数据平台和AI相关技术能力，转化成产品附能于业务

2，依据大数据部门业务发展方向，规划具体产品和解决方案，驱动团队迭代

3，与其他BU业务部门和外部合作公司沟通合作，以求共赢

```
<dd class="job-advantage">
    <span class="advantage">职位诱惑：</span>
    <p>大数据部门产品岗位</p>
</dd>
<dd class="job_bt">
    <h3 class="description">职位描述：</h3>
    <div>
    <p>岗位职责：</p>
<p>1，熟悉汽车之家大数据平台和AI相关技术能力，转化成产品附能于业务</p>
<p>2，依据大数据部门业务发展方向，规划具体产品和解决方案，驱动团队迭代</p>
<p>3，与其他BU业务部门和外部合作公司沟通合作，以求共赢</p>
<p> </p>
<p> </p>
<p>任职要求：</p>
<p>1，熟悉大数据平台和AI产品技术原理</p>
<p>2，2年以上互联网公司大数据/AI相关工作经验</p>
<p>3，擅长沟通，主动意识强</p>
    </div>
</dd>
```

图 6.20　职位详情页及 HTML 源码

综合对网页结构的分析，可以将接下来要编写的爬虫的工作步骤总结为如下四步：

首先，通过 POST 方法向目标 URL 提交 data form，请求页面为第 1 页，搜索关键字为“数据”。提取返回的 JSON 格式数据下的 totalCount 键（总职位数）和 resultSize 键（每页显示职位数）数据，计算职位页面数量（pagenumber）。

其次，通过 POST 方法，在循环中请求每个职位页面的返回结果，每次循环通过改变 data form 的 pn 值获取不同页面的 JSON 数据。

再次，从 JSON 数据的 result 键中提取每个职位的信息，根据每个职位的

positionId 构造职位详情页 URL,通过 GET 方法获取详情页 HTML,并提取职位描述文本。

最后,将感兴趣的职位信息与职位描述存储于 Excel 中。

6.4.2 代码实现

(1) 定义 getPageNumber 函数,该函数负责返回搜索页面的总页数。参数 url 为请求网址,head 为 request 头信息,keyword 为搜索关键字。通过 request. post 方法向目标 URL 发送 data,返回 JSON 格式数据。根据前一节对返回的 JSON 数据格式的分析,totalCount 子健返回符合条件的职位总数,而每个搜索页显示 15 个职位,可以方便地计算搜索页的总页数。

```
def getPageNumber(url,head,keyword):
    data = {
    'first':True,
    'pn':1,
    'kd':keyword}
    page = requests.post(url = url,headers = head,data = data)
    page.encoding = 'utf-8'
    page_json = page.json()
    pageNumber = int (page _ json ['content'] ['positionResult']
['totalCount']/15)
    return pageNumber
```

(2) 定义 get_page 函数,返回指定搜索页的职位基本信息。参数 pn 为需要返回的搜索页页码。函数中首先要判断 pn 是否为第 1 页,当请求第 1 页时,向 URL 提交的 data 信息的 first 键为 True;若不是第 1 页时,该键的值为 False。result 子健返回该页面所有职位的信息。

```
def get_page(pn,url,head,keyword):
    if pn == 1:
        first = True
    else:
        first = False
    data = {
    'first':first,
    'pn':pn,
    'kd':keyword}
```

```
        page = requests.post(url = url, headers = head, data = data,
timeout = 5)
        page.encoding = 'utf-8'
        page_json = page.json()
        position = page_json['content']['positionResult']['result']
        return position
```

(3) 定义 get_description 函数,返回职位的详细描述信息。jobID 为职位 ID,每个职位的 ID 可以通过 get_page 获得。head 为 request 头文件信息,注意访问详情页的 head 信息与访问搜索页的 head 信息不同。

由于返回的 JSON 格式数据中并没有职位描述信息,因此,还需要单独编写抓取职位描述信息的函数。get_description 函数的功能是根据职位 ID,构造该职位详情页 URL,下载详情页 HTML 代码并从中定位到职位描述信息。

```
def get_description(jobID,head):
    job_url = 'https://www.lagou.com/jobs/' + str(jobID) + '.html'
    page = requests.get(job_url,headers = head,timeout = 5)
    page.encoding = 'utf-8'
    soup = BeautifulSoup(page.text,'html.parser')
    job_description = soup.select('dd[class = "job_bt"]')
    job_description = str(job_description[0])
    rule = re.compile(r'<[^>]+>')
    result = rule.sub('', job_description)
    return result
```

(4) 定义 save_excel 函数,将每条职位信息保存到 Excel 文件中,每个职位对应一行。需要注意的是,要保存的职位信息包括每个职位的基本信息(get_page 函数返回)和职位的详细描述信息(get_description 函数返回)。

```
def save_excel(i0,job,sheet,tags,head):
    for j in range(len(tags)-1):
        sheet.write(i0,j,str(job[tags[j]]))
    try:
        des = get_description(job['positionId'],head)
        print(str(job['positionId']) + '职位描述抓取成功')
```

```
        except:
            print(str(job['positionId']) + '职位描述抓取失败')
            des = ''
        sheet.write(i0,len(tags)-1,des)
```

该段代码中,参数 i0 指定该条职位信息需要存入第几行;job 参数为字典格式,存储该职位的基本信息;sheet 为 Excel 的工作表对象;tags 对应需要从 job 字典提取的键名。需要说明的是,默认 job 字典返回的职位信息的属性很多,但我们感兴趣的可能只是其中的部分属性,因此,通过 tags 参数以列表形式将我们感兴趣的属性字段传入函数中。sheet.write 函数负责将信息写入 Excel 工作表中指定的行和列。

最后编写入口程序,程序中 head1 为访问搜索页面的头文件信息,head2 为访问详情页面的头文件信息。由于两个头文件的内容较多,代码中省略了这两个头文件信息。在开发者工具页面,可以查看浏览器访问这两个页面的 header 信息。

```
    url = 'https://www.lagou.com/jobs/positionAjax.json? needAddtional
Result = false&isSchoolJob = 0'            # 搜索页面的 URL 地址
    key = '数据'                          # 定义搜索的关键字
    head1 = {省略......}
    head2 = {省略......}
    pagenumber = getPageNumber(url,head1,key)
    tags = ['positionId','positionName','city', 'createTime','companyFull
Name','education',
    'industryField','companySize','firstType','secondType','salary',
    'workYear','description']
    book = ExcelWrite.Workbook(encoding = 'utf-8')         # 存放职位情况的
excel 表格
    sheet = book.add_sheet('sheet')
    i0 = 0
    for j in range(len(tags)):          # 向工作表写入表头
        sheet.write(i0,j,str(tags[j]))
    for i in range(pagenumber):         # 将每个职位信息写入工作表
```

```
        try:
            jobs = get_page(i + 1,url,head1,key)
            print('第'+ str(i + 1) + '爬取成功')
            for job in jobs:
                i0 = i0 + 1
                save_excel(i0,job,sheet,tags,head2)
        except:
            print('第'+ str(i + 1) + '爬取失败')
    book.save("f:\\lagou.xls" )     #保存 excel 文件
```

习题

1. 简述在用户访问 URL 时,为什么需要引入用户的会话跟踪机制?请说明 Cookie 和 Session 这两种机制的区别。

2. 简述什么是编码与解码?目前计算机主要有哪几种编码规则?

3. 进入新浪、网易、腾讯网首页,查看这三个网页的编码规则。

4. 已知某网页的编码规则为 'GB2312',用 Urllib 库爬取该网页的 HTML 源码后赋值给变量 s,如果希望通过正则表达式提取变量 s 中的相关信息,在提取信息之前需要对变量 s 做什么样的转换操作?请写出相应转换操作的 Python 代码。

5. 下载文件"json_职位.txt",将该文件以字符串形式加载,通过 JSON 库将字符串转换为 JSON 数据格式后,提取所有招聘的公司名称,请编写代码实现。

6. 编写爬虫程序抓取腾讯新闻中心"http://news.qq.com/"首页所有新闻的链接地址与标题,并存入 Excel 文件。要求通过修改 User-Agent 属性,将该爬虫程序伪装成浏览器。

7. 编写爬虫程序,模拟登录"知乎",并爬取"我的主页"中本人的资料信息。

8. 分析"百度招聘"网站职位列表页面数据返回的格式,编写爬虫程序,爬取工作岗位在"上海"、职位类型与"数据分析"相关的职位信息。

第 7 章

Pandas 数据处理基础

使用过关系型数据库管理工具的同学，一定对表的插入、删除、更新、查询、连接等操作的方便快捷印象深刻。二维表是关系型数据库对结构化数据存储和操作的基本单元。Pandas 作为 Python 的第三方库，提供了一种在 Python 环境下，兼具高性能数组计算与二维表灵活的数据处理能力的解决方案。不仅如此，Pandas 还提供了丰富的处理结构化数据的数据类型、函数与方法，运用这些工具能够极其高效地完成数据的清理、切片、聚合、数据子集选取等操作。目前，Pandas 作为 Python 数据分析人员进行数据处理的核心工具，已被广泛使用。

从本章开始至第 9 章将重点讲解如何使用 Pandas 进行数据处理。本章将重点讲解以下几个问题：

■数据处理的主要任务。

■Series 和 DataFrame 两种数据结构及其相关操作。

■DataFrame 如何像关系型数据库的表一样进行连接？

■Pandas 如何读写文件？

7.1 数据处理概述

数据处理是指在数据分析之前，对收集到的原始数据进行必要的加工整理，以达到适合数据分析的规范要求。在大部分数据科学从业人员眼中，数据处理阶段是数据科学整个业务流程中最耗时、最枯燥的阶段，但也是至关重要的一个环节。

之所以要对获取的原始数据进行数据处理，是因为获取的原始数据存在诸多问题，以至于不能将数据分析算法直接应用于原始数据。原始数据存在的主要问题可以归纳为以下几个方面：

7.1.1　数据的不一致

由于原始数据来自不同的数据源,这造成原始数据缺乏统一的数据定义和数据编码方案。例如,通过爬虫程序抓取的不同网站数据,一些网站将性别用“男”和“女”表示,而另一些网站将性别用“M”和“F”表示;一些网站通过用户邮箱来标识用户,而一些网站用手机号码来标识用户。

7.1.2　数据的重复与冗余

原始数据中存在同一条记录多次出现,或者一条记录出现多个冗余属性的情况。例如,来自多个数据源的原始数据,同一条记录可能重复获取;一些原始数据中已经存在了某个属性,但同时又出现了意义相近的另一个属性。

7.1.3　数据的不完整

由于数据获取过程中的某些不确定因素,造成观察值的某些属性字段缺失或不确定,或者整条观察值的缺失,这种情况在数据获取的过程中是难以避免的。

7.1.4　数据存在噪声

由于一些不确定因素,原始数据中往往会出现个别观察样本存在随机错误,这样的观察样本通常有较大的偏离期望值,被称为噪声数据。

正是由于原始数据存在这些问题,所以需要对这些原始数据进行必要的处理,从而为数据分析阶段提供一致、简洁、完整、干净的数据。为了实现这一目标,通常可以将数据处理阶段的任务分解为:数据清洗、数据集成、数据转化和数据规约。

(1) 数据清洗(Data Cleaning)。数据清洗的主要任务是处理缺失与不一致的数据,识别并处理噪声数据,消除重复与冗余数据。

(2) 数据集成(Data Integration)。数据集成的主要任务是将多个数据源的数据进行适当的匹配与结合,进行统一存储。数据集成需要解决多个数据源的数据冲突与匹配、数据连接与数据冗余问题。

(3) 数据转化(Data Transformation)。即适当改变原始数据的结构,使得在数据分析阶段更容易挖掘数据中的规律。数据转化主要涉及对原始数据的属性重构、分类聚合、规范化处理等。

(4) 数据规约(Data Reduction)。数据规约指的是减小原始数据集的规模,产生更小但保持数据完整性的新数据集。在规约后的数据集上进行数据分析和挖掘的效率将更高。

7.2 Pandas 数据结构

Pandas 对数据的所有操作几乎都是基于两种基本的数据结构:Series 和 DataFrame。可以毫不夸张地说,Series 和 DataFrame 这两种数据结构就是为数据处理而生的。这两种数据结构最大的特点是它们都具有索引,索引与数据是一个不能分割的整体。接下来我们将详细介绍这两种数据结构的用法。

7.2.1 Series 数据结构

Series 是一个具有索引的一维数组对象,该结构由一组数据以及一组与数据一一对应的索引组成。

1. Series 的创建

可通过调用 Pandas 库的 Series 方法创建 Series 对象,其中参数 data 可以是列表、字典或者是常数,index 参数为索引。

```
pandas.Series(data, index = index)
```

(1) 通过列表创建 Series 的示例代码如下:

```
import pandas as pd
s = pd.Series([4,5,6,4],index = ['a','b','c','d'])
```

变量 s 的输出形式如下,左边一列为 index,右边一列为 data。

```
a     4
b     5
c     6
d     4
```

如果不指定 index,系统将按照[0,1,2,...,len(data)-1]的列表形式为 data 自动分配索引。示例代码如下:

```
s = pd.Series([4,5,6,4])
```

变量 s 的输出形式如下:

```
0    4
1    5
2    6
3    4
```

（2）通过字典创建 Series 时，不需要指定 index 参数，创建过程中会自动地将字典的键转换为 Series 的 index。

```
d = {'a': 1.5, 'b': 'hello', 'c':'li','d':2}
s = pd.Series(d)
```

变量 s 的输出形式如下，注意该 Series 类型变量的元素值既有数值类型，又有字符串类型。因此，Series 中的数据并不要求为同一类型。

```
a      1.5
b    hello
c       li
d        2
```

（3）如果 data 是一个常量，此时必须指定 index，常量则会被自动复制，以匹配 index 的长度。示例代码如下：

```
s = pd.Series(2.5,index = ['a','b','c','d'])
```

变量 s 的输出形式如下：

```
a    2.5
b    2.5
c    2.5
d    2.5
```

2. Series 的引用与操作

Series 与 Numpy 的 array 类型、列表类型以及字典类型有很多相似之处，因此，针对 array、列表和字典类型的方法和函数大多也都适用于 Series 对象。Series 的常用操作方法如下：

（1）像列表一样进行切片引用。Series 与 list 数据类型一样也可以通过灵活的切片操作方式，引用其中的数据。

```
s = pd.Series([4,5,6,4],index = ['a','b','c','d'])
s[0]          # 取序号为 0 的元素
s[0] = 9      # 对序号为 0 的元素赋值
s[:3]         # 取序号为 0 到 3 的元素
s[2:]         # 取序号为 2 的元素到最后一个元素
```

（2）像 array 一样进行向量运算。在进行数据处理时，Series 可以像 array 一样进行向量操作，并不需要对 Series 每一个元素遍历处理。

```
import numpy as np
s = s + 1       # 每个元素加 1
np.mean(s)  # 调用 numpy 的方法求均值
np.std(s)   # 调用 numpy 的方法求标准差
```

（3）像字典一样进行引用与操作。Series 类似一个定长的字典类型，Series 的索引类似于字典的键，因此 Series 可以像字典一样进行引用与操作。

```
s['c']        # 取索引为 'c' 的元素
s['e'] = 9  # 添加一个索引为 'e' 的元素
```

Series 还有一些与列表、array 和字典不同的重要性质。

（4）多个 Series 在进行算术运算时会自动对齐不同索引的数据。多个 Series 参与运算时会按索引自动对齐，如果没有可以对齐的索引，Series 会对该元素进行空值处理，这一性质在做数据处理时非常实用。

```
s1 = pd.Series([1,2,3,4],index = ['a','b','f','d'])
s2 = pd.Series([3,4,5,6],index = ['b','d','a','e'])
s = s1 + s2
```

其中 s1 的 'f' 索引在 s2 中找不到对应值，s2 中的 'e' 索引在 s1 中找不到对应值，输出结果如下，NaN 表示空值。

```
a     6.0
b     5.0
d     8.0
e     NaN
f     NaN
```

(5) Series 对象本身具有 name 属性,索引也具有 name 属性。可以通过对 Series.name 和 Series.index.name 赋值的方式,给 Series 对象和 index 命名。

```
s = pd.Series([1.51,1.62,1.67,1.72],index = ['Alex','Bob','Jenny',
'Ad'])
s.name = 'Height'       #将 Series 对象的 name 属性赋值为 'Height'
s.index.name = 'Person'   #将 index 的 name 属性赋值为 'Person'
s
```

输出结果如下,如果将 Series 看作二维表的一列的话,Series 对象的 name 属性相当于这一列的列名,index 的 name 属性为索引名。

```
Person
Alex      1.51
Bob       1.62
Jenny     1.67
Ad        1.72
Name: Height
```

7.2.2　DataFrame 数据结构

DataFrame 是一个二维表的数据结构,该结构包含一组有序的列,这些列共用同一个索引。可以形象地将 DataFrame 理解为由 Series 组成的字典,Series 构成 DataFrame 的每一列,这些 Series 共用同一个索引及字典的键。DataFrame 具有行索引和列索引,行索引可以理解为多个 Series 共用的 index,列索引可以理解为由 Series 的 name 属性组成的索引。

实质上,DataFrame 是以矩阵(matrix)的形式进行存储,它的行和列可以进行转置,因此在运算时行和列的操作方法类似。

DataFrame 的创建可通过调用 Pandas 库的 DataFrame 方法。其中 data

为要转换为 DataFrame 的数据，index 为行索引，columns 为列名。创建 DataFrame 时，data 参数常见的有三种情况：以 Series 为元素的字典，以列表为元素的字典以及以 Series 为元素的列表。接下来介绍 data 分别为以上三种情况时，如何创建 DataFrame。

```
pandas.DataFrame(data, index, columns)
```

1. 由 Series 为元素的字典创建 DataFrame

DataFrame 可以理解为由 Series 组成的字典，因此通过 Series 字典创建 DataFrame 最为直接，也最容易理解。

```
import pandas as pd
import numpy as np
s1 = pd.Series([32,41,29,18],index = ['a','b','c','f'])
s2 = pd.Series([1.71,1.82,1.67,1.86],index = ['a','b','c','e'])
d = {'height': s1,'age':s2}
df = pd.DataFrame(d)
df
```

s1、s2 分别为 Series 对象，将 s1 和 s2 放入字典传入 pd.DateFrame()方法中，字典的键 'height' 和 'age' 分别为 DataFrame 的列名，两个 Series 的 index 不能完全对齐，不能对齐的元素用 NaN 替换，df 的输出结果为：

```
age   height
a  32.0   1.71
b  41.0   1.82
c  29.0   1.67
e  NaN   1.86
f  18.0   NaN
```

2. 由列表为元素的字典创建 DataFrame

```
d = {'height':[32,41,29,18],
     'age':[1.71,1.82,1.67,1.86]}
df = pd.DataFrame(d)
```

直接将 array 作为元素的字典传入 DataFrame 方法中时，字典的键会自动转换为列名，由于没有指定行索引，DataFrame 会自动生成索引。变量 df 的输出为：

```
     age  height
0  1.71   32
1  1.82   41
2  1.67   29
3  1.86   18
```

在创建 DataFrame 时可以指定索引和列名：

```
df = pd.DataFrame(d, index = ['a', 'b', 'c', 'd'], columns = ['age', 'height'])
```

3. 以 Series 为元素的列表创建 DataFrame

前面创建 DataFrame 的方法，都是将字典传入 DataFrame 中，只不过构成字典的元素为 Series 或列表。此时每一个 Series 或列表将转化为 DataFrame 的一列。如果将 Series 作为元素的列表传入 DataFrame 中，此时每个 Series 将转化为 DataFrame 的行。

```
s1 = pd.Series([32,41,29,18])
s2 = pd.Series([1.71,1.82,1.67,1.86])
df = pd.DataFrame([s1,s2])
```

变量 df 的输出为：

```
      0      1      2      3
0  32.00  41.00  29.00  18.00
1  1.71   1.82   1.67   1.86
```

7.3 DataFrame 的基本操作

DataFrame 数据结构具有与二维表类似的引用、添加、修改、删除等基本操作，本节将分别介绍对 DataFrame 的行、列、元素这三个层次的基本操作。

7.3.1 列的基本操作

DataFrame 可以理解为是由 Series 构成的字典，Series 为 DataFrame 的

列，字典的键为列名。因此，可以通过字典的操作方法，对 DataFrame 的列进行引用、插入、筛选和删除。

1. 列的引用与插入

```
d = {'one': [1.2, 2.3, 3.6, 4.8],
     'two': [4.9, 3.9, 2.9, 1.3]}
df = pd.DataFrame(d)
df['three'] = df['one'] + df['two']    #引用原有列，并对新的一列赋值
```

代码中引用 one 和 two 两列，并对新的一列 three 赋值，更新后变量 df 的输出为：

```
   one  two  three
0  1.2  4.9  6.1
1  2.3  3.9  6.2
2  3.6  2.9  6.5
3  4.8  1.3  6.1
```

也可以同时引用多列，注意必须将引用的多个列名以列表的形式传入：

```
df[['one','three']]
```

df[['one','three']]将返回由多个列组成的 DataFrame：

```
   One  three
0  1.2  6.1
1  2.3  6.2
2  3.6  6.5
3  4.8  6.1
```

当通过一个标量向 DataFrame 插入一列时，DataFrame 会自动将标量复制为与原有列等长；通过 Series 向 DataFrame 插入一列时，其 Series 索引与 DataFrame 的索引会自动匹配，不能匹配的做空值处理。

```
df['five'] = 'male'                    #插入标量
df['four'] = pd.Series([1,3,5,6])      #插入 Series，index 能够完全
                                        对齐
df['six'] = pd.Series([2,3])   #插入 Series，index 不能够完全对齐
```

插入 3 列后，df 的输出为：

```
   one  two  four  five  six
0  1.2  4.9   1    male  2.0
1  2.3  3.9   3    male  3.0
2  3.6  2.9   5    male  NaN
3  4.8  1.3   6    male  NaN
```

2. 列的筛选

可以根据列的值对 DataFrame 的数据进行筛选，示例代码如下：

```
#筛选出 two 列的值大于 2 的数据
df[df['two']>2]
#筛选出 two 列值大于 2，并且 four 列值小于 5 的数据
df[(df['two']>2) & (df['four']<5)]
#筛选出 two 列值大于 3，或者 five 列的值等于 male 的数据
df[(df['two']>3) | (df['five']=='male')]
```

3. 列的删除

有三种方法可以删除 DataFrame 的列，分别是：

(1) pop 方法：将该列从 DataFrame 中删除，并可以将删除的列赋值给另一个变量。

(2) del 方法：直接删除一列。

(3) drop 方法：df.drop('column_name', axis=1, inplace=True)，当 axis 轴参数为 1 时表示删除列，如果省略该参数的设置，则默认删除行。inplace 参数设置为 True 时，将直接从 df 中删除该列，如果将 inplace 设置为 0，或直接采用默认值，drop 方法会返回删除该列后的新的 DataFrame，但原 DataFrame 的值并不改变。

```
s = df.pop('four') #从 df 中弹出列，并将弹出的列赋值给 s
del df['three']  #从 df 中直接删除列
df0 = df.drop('one',axis = 1)  #删除 one 列后赋值给新的 df0，df 的值
                                不变
df.drop('one',axis = 1,inplace = True)  #从 df 中直接删除 one 列
```

7.3.2 行的基本操作

1. 行的引用

DataFrame 行的引用有两种方式：一种方式是将 DataFrame 看作由行组成的字典，行索引为字典的键，通过 loc 属性以行索引的方式引用行数据；另一种方式是将 DataFrame 看作是由行组成的列表，通过 iloc 属性以行序号的方式引用行数据。两种方法返回的行为 Series 对象，Series 的索引为 DataFrame 的列名序列。

```
df.index = ['a','b','c','d']    #给 df 设置索引
s1 = df.loc['b']   #引用索引为 'b' 的行
s2 = df.iloc[3]    #引用序号为 3 的行
```

以上代码，分别用 loc 和 iloc 引用 DataFrame 的行，并对变量 s1 和 s2 赋值，两变量均为 Series 对象，它们的索引为 DataFrame 列名称序列，name 属性为 DataFrame 对应行的行索引值。变量 s2 的输出为：

```
one       4.8
two       1.3
four        6
five     male
six       NaN
Name: d, dtype: object
```

以 iloc 引用行数据非常灵活，中括号里的行序号可以使用切片的引用形式：

```
df.iloc[1:3]   #引用序号 1 到序号 3 但不包含序号 3 的行
df.iloc[:3]    #引用前 3 行
df.iloc[-2:]   #引用后 2 行
df.iloc[2:]    #引用前 2 行后的数据
df.iloc[:-2]   #引用后 2 行前的数据
```

2. 行的更新与插入

通过赋值语句更新原有行的值或插入新的一行时，赋值的列表的长度必须和 DataFrame 的列的数量相同。这一点与向 DataFrame 插入列的时候不同，插入列时，如果索引不能对齐，会自动填充空值，而插入行时，如果和列不能对齐，则会报错。示例代码如下：

```
df.iloc[2] = [3.3,2.8,7,'femal',6.0]      # 对序号为 2 的行重新赋值
df.loc['b'] = [3.9,2.6,7,'male',6.0]     # 对索引为 b 的行重新赋值
df.loc['e'] = [4.9,2.6,5,'femal',3.5]    # 插入新的一行,行索引为 e
```

3. 行的删除

采用 DataFrame 的 drop 方法可以删除行,其格式为:

df.drop('index', inplace = True)

需要注意的是,省略 inplace 参数或 inplace 参数为 False 时,将返回剔除某行的 DataFrame,并不改变原 DataFrame 的值;只有当 inplace 参数的值为 True 时,才真正删除原 DataFrame 的行,示例代码如下:

```
df0 = df.drop('a') # 删除索引为 a 的行后赋值给新的 df0,df 的值不变
df.drop('a',inplace = 1)   # 直接从 df 中删除索引为 a 的行
```

7.3.3　行列子集的引用

通过 DataFrame.ix 可以任意引用行列的子集,其格式为:

df.ix[val1,val2]

val1 是对行的引用,val2 是对列的引用,这里的 val1 和 val2 既可以为切片的形式,又可以为列表的形式,示例代码如下:

```
df.ix[:2,['one','five']] # 引用前两行,one 和 five 列的数据
df.ix[['b','c'],-2:]       # 引用索引为 b,c 的行,后两列的数据
```

以上讨论了对 DataFrame 的列、行及任意子集的引用与基本操作,DataFrame 的引用方法如表 7.1 所示。

表 7.1　行、列引用方法

引用方法	说　明
DataFrame[val]	引用单个列或多列,val 可以是列表或切片
DataFrame.loc[val]	引用单个或多个行,val 为列表
DataFrame.iloc[val]	引用单个或多个行,val 为切片
DataFrame.ix[val1,val2]	引用行列子集,val1、val2 可以是列表或切片

7.3.4　排序

通过 DataFrame 对象 sort_values()方法可对 DataFrame 的某一列或多列

数据进行排序，其标准格式和常用参数如下：

```
DataFrame.sort_values(by, axis = 0, ascending = True, inplace =
False)
```

(1) by：类型为字符串或字符串列表，指定参与排序的列名。

(2) axis：指定排序的轴，默认值为 0，在列方向上排序，当 axis=1 时，在行方向上排序。

(3) ascending：布尔类型或布尔类型的列表，指定排序顺序，默认值为 True，为升序排序；当该参数为 False 时，为降序排序。

(4) inplace：设定排序后的值是否替换原对象，默认值为 False，此时将返回 DataFrame 排序后的副本，并不改变原 DataFrame 的值；当参数为 True 时，排序后的值将替换原 DataFrame。

对于 df 的"one"列升序排序，在该列值相等的情况下，再按"two"列降序排序的代码如下：

```
df.sort_values(by = ['one','two'],ascending = [True,False])
```

7.4 DataFrame 数据的连接

在数据处理过程中，经常会遇到不同的 DataFrame 或 Series 之间的连接操作，与数据库中二维表的连接操作类似，Pandas 也提供了一系列的方法来实现 DataFrame 或 Series 的连接。本节主要介绍 concat、merge、join 这三种数据连接方法。

7.4.1 用于轴向连接的 concat 方法

Pandas 下的 concat 方法能够将多个数据集合，在行索引(index)和列名(columns)这两个轴上进行对齐连接，concat 方法的具体参数如下：

```
pd.concat (objs, axis = 0, join = 'outer', join_axes = None, ignore_
        index = False, keys = None, levels = None, names = None,
        verify_integrity = False)
```

(1) objs：一般情况下该参数为列表或字典，指定需要连接的对象集合，如果传入的是字典类型的数据，字典的键将作为 keys 参数的值。

(2) axis：指定沿哪个轴进行连接，默认值为 0，此时在列方向上对齐，执行纵向拼接。axis=1 时，在行方向上对齐，执行横向拼接。

（3）join：指定连接类型，默认值为 'outer'，此时为外连接；join='inner' 时，进行内连接。

（4）ignore_index：默认值为 False。将该参数设置为 True 时，将不保留连接轴上的索引，而产生一个和数据长度相同的新索引。

（5）keys：该参数为列表类型，如果连接的对象在索引层次上难以区分，则可以通过 keys 参数指定该数据来自哪一个对象。

（6）levels：如果设置了 keys 参数，则该参数用于指定层次化索引中各个层级的索引。

（7）names：列表类型，用于指定分层索引各级别的名称。

（8）verify_integrity：布尔类型，指的是允许连接后的对象的索引是否重复，默认值为 False，此时允许重复；当该参数为 True 时，如果索引重复，将抛出异常。

首先建立两个用于 cancat 连接的三个 DataFrame 对象：

```
import pandas as pd
df1 = pd.DataFrame({'A': ['A0', 'A1', 'A2', 'A3'],
                    'B': ['B0', 'B1', 'B2', 'B3'],
                    'C': ['C0', 'C1', 'C2', 'C3'],
                    'D': ['D0', 'D1', 'D2', 'D3']},
                    index = [0, 1, 2, 3])
df2 = pd.DataFrame({'A': ['A7', 'A8', 'A9', 'A10'],
                    'B': ['B7', 'B8', 'B9', 'B10'],
                    'C': ['C7', 'C8', 'C9', 'C10'],
                    'D': ['D7', 'D8', 'D9', 'D10']},
                    index = [7, 8, 9, 10])
df3 = pd.DataFrame({'E': ['E0', 'A3', 'E4', 'E5'],
                    'F': ['F0', 'F3', 'F4', 'F5'],
                    'G': ['G0', 'G3', 'G4', 'G5'],
                    'H': ['H0', 'H3', 'H4', 'H5']},
                    index = [0, 3, 4, 5])
```

通过以上代码，建立 df1、df2、df3 这三个 DataFrame，输出格式如图 7.1 所示。

	A	B	C	D
0	A0	B0	C0	D0
1	A1	B1	C1	D1
2	A2	B2	C2	D2
3	A3	B3	C3	D3

df1

	A	B	C	D
7	A7	B7	C7	D7
8	A8	B8	C8	D8
9	A9	B9	C9	D9
10	A10	B10	C10	D10

df2

	E	F	G	H
0	E0	F0	G0	H0
3	A3	F3	G3	H3
4	E4	F4	G4	H4
5	E5	F5	G5	H5

df3

图 7.1　df1、df2、df3 的输出格式

1. 纵向和横向拼接

默认情况下，concat 在列方向上对齐，执行纵向拼接。可通过设置参数 axis 改变对齐的轴：

```
frame1 = pd.concat([df1,df2])                # 在列方向上对齐，纵向拼接
frame2 = pd.concat([df1,df2],axis = 1)   # 在行方向上对齐，横向拼接
```

纵向拼接的 frame1 与横向拼接的 frame2 的输出格式如图 7.2 所示。无论在哪个方向上对齐，默认情况下执行的都是并集操作，不能对齐的部分都做空值处理，不会舍去数据。

	A	B	C	D
0	A0	B0	C0	D0
1	A1	B1	C1	D1
2	A2	B2	C2	D2
3	A3	B3	C3	D3
7	A7	B7	C7	D7
8	A8	B8	C8	D8
9	A9	B9	C9	D9
10	A10	B10	C10	D10

frame1

	A	B	C	D	A	B	C	D
0	A0	B0	C0	D0	NaN	NaN	NaN	NaN
1	A1	B1	C1	D1	NaN	NaN	NaN	NaN
2	A2	B2	C2	D2	NaN	NaN	NaN	NaN
3	A3	B3	C3	D3	NaN	NaN	NaN	NaN
4	NaN	NaN	NaN	NaN	A4	B4	C4	D4
5	NaN	NaN	NaN	NaN	A5	B5	C5	D5
6	NaN	NaN	NaN	NaN	A6	B6	C6	D6
7	NaN	NaN	NaN	NaN	A7	B7	C7	D7

frame2

图 7.2　frame1 与 frame2 的输出格式

2. 通过 keys 参数增加索引层次

通过设置 keys 参数，可以指定连接方向上的索引来自哪个对象：

```
frame1 = pd.concat([df1,df2],keys = ['df1', 'df2'])
frame2 = pd.concat([df1,df2],keys = ['df1', 'df2'],axis = 1)
```

frame1 与 frame2 的输出格式如图 7.3 所示。通过设置 keys 参数，为 frame1 和 frame2 分别在行索引和列名上增加了层次索引。因此，能够区分 frame1 中行索引为 0～3 的行来自 df1，行索引为 7～10 的行来自 df2，frame2 中最左边的 A～D 列来自 df1，最右边的 A～D 列来自 df2。

		A	B	C	D
df1	0	A0	B0	C0	D0
	1	A1	B1	C1	D1
	2	A2	B2	C2	D2
	3	A3	B3	C3	D3
df2	7	A7	B7	C7	D7
	8	A8	B8	C8	D8
	9	A9	B9	C9	D9
	10	A10	B10	C10	D10

frame1

	df1				df2			
	A	B	C	D	A	B	C	D
0	A0	B0	C0	D0	NaN	NaN	NaN	NaN
1	A1	B1	C1	D1	NaN	NaN	NaN	NaN
2	A2	B2	C2	D2	NaN	NaN	NaN	NaN
3	A3	B3	C3	D3	NaN	NaN	NaN	NaN
7	NaN	NaN	NaN	NaN	A7	B7	C7	D7
8	NaN	NaN	NaN	NaN	A8	B8	C8	D8
9	NaN	NaN	NaN	NaN	A9	B9	C9	D9
10	NaN	NaN	NaN	NaN	A10	B10	C10	D10

frame2

图 7.3　frame1 与 frame2 的输出格式

3. 舍弃连接方向上的索引

如果不希望保留原连接对象的索引，可将 ignore_index 参数设置为 True，此时，连接后的 DataFrame 将舍去原对象的行索引或列名，并重新设置行索引或列名。需要注意的是，连接方向与对齐方向是正好相反的两个概念，默认情况下是执行列对齐的纵向拼接。此时，连接方向是行。

```
frame1 = pd.concat([df1,df2],ignore_index = True)
frame2 = pd.concat([df1,df2],ignore_index = True,axis = 1)
```

frame1 与 frame2 的输出格式如图 7.4 所示。在 frame1 中，行索引进行了重新编号，frame2 中舍去了 df1 和 df2 的列名，新的列名为自动编号的序号。

	A	B	C	D
0	A0	B0	C0	D0
1	A1	B1	C1	D1
2	A2	B2	C2	D2
3	A3	B3	C3	D3
4	A7	B7	C7	D7
5	A8	B8	C8	D8
6	A9	B9	C9	D9
7	A10	B10	C10	D10

frame1

	0	1	2	3	4	5	6	7
0	A0	B0	C0	D0	NaN	NaN	NaN	NaN
1	A1	B1	C1	D1	NaN	NaN	NaN	NaN
2	A2	B2	C2	D2	NaN	NaN	NaN	NaN
3	A3	B3	C3	D3	NaN	NaN	NaN	NaN
7	NaN	NaN	NaN	NaN	A7	B7	C7	D7
8	NaN	NaN	NaN	NaN	A8	B8	C8	D8
9	NaN	NaN	NaN	NaN	A9	B9	C9	D9
10	NaN	NaN	NaN	NaN	A10	B10	C10	D10

frame2

图 7.4　frame1 与 frame2 的输出格式

4. 通过 join 参数指定连接的类型

以上例子的连接类型，都是采用默认的“外连接”，即并集的操作。可通过设置 join='inner' 执行“内连接”：

```
frame3 = pd.concat([df1, df3], axis = 1, join = 'inner')
```

在行方向上对齐时，df1 和 df3 将按照行索引对齐，如果索引不能对齐的数据将舍去。df1 和 df2 横向内连接后的 frame3 的输出格式如图 7.5 所示。

	A	B	C	D	E	F	G	H
0	A0	B0	C0	D0	E0	F0	G0	H0
3	A3	B3	C3	D3	A3	F3	G3	H3

图 7.5　frame3 的输出格式

在一些情况下，我们并不想执行单纯的外连接或内连接，而是想将一张表作为主表，保留该表的全部数据，另一张表上不能和主表对齐的数据将舍去。这也就是关系数据库中“左外连接”和“右外连接”的概念，通过引入 join_axes 的参数可以实现该功能：

```
frame3 = pd.concat([df1, df3],axis = 1,join_axes = [df1.index]) # df1 为主表
frame4 = pd.concat([df1, df3],axis = 1,join_axes = [df3.index]) # df3 为主表
```

按照 df1 的索引执行左外连接生成 frame3，按照 df2 索引执行右外连接生成 frame4，frame3 与 frame4 的输出格式如图 7.6 所示。

	A	B	C	D	E	F	G	H
0	A0	B0	C0	D0	E0	F0	G0	H0
1	A1	B1	C1	D1	NaN	NaN	NaN	NaN
2	A2	B2	C2	D2	NaN	NaN	NaN	NaN
3	A3	B3	C3	D3	A3	F3	G3	H3

frame3

	A	B	C	D	E	F	G	H
0	A0	B0	C0	D0	E0	F0	G0	H0
3	A3	B3	C3	D3	A3	F3	G3	H3
4	NaN	NaN	NaN	NaN	E4	F4	G4	H4
5	NaN	NaN	NaN	NaN	E5	F5	G5	H5

frame4

图 7.6　frame3 与 frame4 的输出格式

以上的所有实例都是 DataFrame 对象与 DataFrame 对象的连接，实质上 DataFrame 对象与 series 对象的连接，或 series 与 series 的连接方式一样，本节不再赘述。只要把 series 对象看作只有一列的 DataFrame，series 的 name 属性即为列名，这样就很容易理解了。

7.4.2　用于关系型数据库的连接方法 merge

concat 方法只能在行索引与列索引这两个轴上进行连接。但是熟悉 SQL 语言的开发人员会发现，对关系数据库中两张表进行连接的操作，主要是按照某一列或多列进行横向上的对齐连接。作为胶水语言的 Pandas 专门为 SQL 的连接操作提供了 merge 方法。

merge 方法与 concat 方法主要有三点不同：一是 merge 只能进行 DataFrame 对象之间的连接，concat 可以进行 DataFrame 和 Series 之间的连接；二是 merge 只能进行横向拼接，concat 能进行横、纵两个方向的拼接；三是

merge 可以任选一列或多列进行横向对齐拼接,concat 在横向上只能在行索引上进行对齐拼接。

merge 方法的具体参数如下:

```
pd.merge(left, right, how='inner', on=None, left_on=None, right_
        on=None,
        left_ index = False, right _ index = False, sort = True,
        suffixes = ('_x', '_y'), copy = True, indicator = False,
        validate=None)
```

(1) left 与 right:这两个参数指定参与连接操作的左右两个 DataFrame 对象。

(2) how:该参数设置连接的类型,默认值为 inner(内连接),可设置为 outer(外连接)、left(左外连接)、right(右外连接)。

(3) on:用于指定两个 DataFrame 对象对齐的列名(键),如果要对齐的列在两个 DataFrame 上的列名不同,则可以通过 left_on 和 right_on 这两个参数来分别指定。

(4) left_index:默认为 False。如果为 True,将使用左边 DataFrame 中的行索引作为连接键。

(5) right_index:默认为 False。如果为 True,将使用右边 DataFrame 中的行索引作为连接键。

(6) sort:默认为 True,将合并的数据按照连接键进行排序。为了提高性能,大多数情况下将该参数设置为 False。

(7) suffixes:元素为字符类型的元组,用于区分两个连接对象上相同的列名,默认为('_x','_y')。

首先,建立用于 merge 连接的两个 DataFrame 对象:

```
import pandas as pd
leftdf = pd.DataFrame({'key1': ['K0', 'K1', 'K2', 'K3'],
                       'key2': ['K0', 'K1', 'K1', 'K0'],
                       'A': ['A0', 'A1', 'A2', 'A3'],
                       'B': ['B0', 'B1', 'B2', 'B3']})
rightdf = pd.DataFrame({'key1': ['K0', 'K1', 'K2', 'K3'],
                        'key2': ['K0', 'K0', 'K1', 'K1'],
                        'C': ['C0', 'C1', 'C2', 'C3'],
                        'D': ['D0', 'D1', 'D2', 'D3']})
```

leftdf 和 rightdf 的输出格式如图 7.7 所示。

	A	B	key1	key2
0	A0	B0	K0	K0
1	A1	B1	K1	K1
2	A2	B2	K2	K1
3	A3	B3	K3	K0

leftdf

	C	D	key1	key2
0	C0	D0	K0	K0
1	C1	D1	K1	K0
2	C2	D2	K2	K1
3	C3	D3	K3	K1

rightdf

图 7.7　leftdf 和 rightdf 的输出格式

1. 通过 on 参数指定连接键

默认情况下，merge 方法按照两个 DataFrame 具有相同列名的重叠列进行“内连接”。

```
df1 = pd.merge(leftdf,rightdf)
```

leftdf 和 rightdf 的重叠列为 key1 和 key2，按这两列对齐执行内连接，df1 的输出格式如图 7.8 所示。

	A	B	key1	key2	C	D
0	A0	B0	K0	K0	C0	D0
1	A2	B2	K2	K1	C2	D2

图 7.8　按重叠列连接的 df1

也可通过 on 参数，指定需要对齐的重叠列：

```
df1 = pd.merge(leftdf,rightdf, on = ['key1', 'key2'])
```

执行该行代码，df1 的输出与图 7.8 的相同。

也可通过 on 参数指定某一个重叠列对齐连接：

```
df1 = pd.merge(leftdf,rightdf, on = 'key1')
```

此时,df1 的输出格式如图 7.9 所示,key1 为对齐的列,key2_x 表示来自左表(leftdf),key2_y 表示来自右表(rightdf)。

	A	B	key1	key2_x	C	D	key2_y
0	A0	B0	K0	K0	C0	D0	K0
1	A1	B1	K1	K1	C1	D1	K0
2	A2	B2	K2	K1	C2	D2	K1
3	A3	B3	K3	K0	C3	D3	K1

图 7.9　按 key1 列连接的 df1

如果两个 DataFrame 需要对齐连接的列名不同,可通过 left_on 参数和 right_on 参数分别指定左右两个 DataFrame 用于对齐连接的列。

```
rightdf0 = rightdf.copy()        #将 rightdf 复制给新的 rightdf0
rightdf0.columns = ['c', 'd', 'key01', 'key2']   #重命名 rightdf0 的
列名
df1 = pd.merge(leftdf,rightdf0,left_on = 'key1',right_on = 'key01')
```

首先将 rightdf 复制给 rightdf0,再修改 rightdf0 的列名。在 merge 方法中指定 leftdf 对象用于连接的列为 key1,rightdf0 对象用于连接的列为 key01,连接后的 DataFrame 赋值给变量 df1。rightdf0 与 df1 的输出格式如图 7.10 所示。

	c	d	key01	key2
0	C0	D0	K0	K0
1	C1	D1	K1	K0
2	C2	D2	K2	K1
3	C3	D3	K3	K1

rightdf0

	A	B	key1	key2_x	c	d	key01	key2_y
0	A0	B0	K0	K0	C0	D0	K0	K0
1	A1	B1	K1	K1	C1	D1	K1	K0
2	A2	B2	K2	K1	C2	D2	K2	K1
3	A3	B3	K3	K0	C3	D3	K3	K1

df1

图 7.10　rightdf0 与 df1 的输出格式

2. 通过 how 参数指定连接的类型

通过 how 参数可以设置 merge 方法的四种连接类型，如表 7.2 所示。

表 7.2　merge 的连接类型

连接方法	对应的 SQL 语句	描　　述
inner	INNER JOIN	内连接，按照连接键对齐取交集
outer	FULL OUTER JOIN	外连接，按照连接键对齐取并集
left	LEFT OUTER JOIN	左外连接，保留左表所有数据，右表在连接键上不能与左表对齐的数据取空值
right	RIGHT OUTER JOIN	右外连接，保留右表所有数据，左表在连接键上不能与右表对齐的数据取空值

对 leftdf 与 rightdf 取左、右外连接，示例代码如下：

```
df1 = pd.merge(leftdf, rightdf, how = 'left', on = ['key1', 'key2'])
df2 = pd.merge(leftdf, rightdf, how = 'right', on = ['key1', 'key2'])
```

df1 和 df2 的输出格式如图 7.11 所示。

	A	B	key1	key2	C	D
0	A0	B0	K0	K0	C0	D0
1	A1	B1	K1	K1	NaN	NaN
2	A2	B2	K2	K1	C2	D2
3	A3	B3	K3	K0	NaN	NaN

df1 左连接

	A	B	key1	key2	C	D
0	A0	B0	K0	K0	C0	D0
1	A2	B2	K2	K1	C2	D2
2	NaN	NaN	K1	K0	C1	D1
3	NaN	NaN	K3	K1	C3	D3

df2 右连接

图 7.11　df 与 df2 的输出格式

7.4.3　行索引 index 上的连接方法 join

join 是一个简化版的 merge 方法，默认情况下 join 方法在行索引（index）上对齐，执行左外连接。join 可通过 on 参数指定左表的连接键，但右表参与连接的仍然是行索引，这一点与 merge 方法不同。另外，也可以通过 how 参数设定连接类型。join 方法的具体参数如下：

```
leftdf.join(rightdf,on = None,how = 'left',lsuffix = '',rsuffix = '',
sort = False)
```

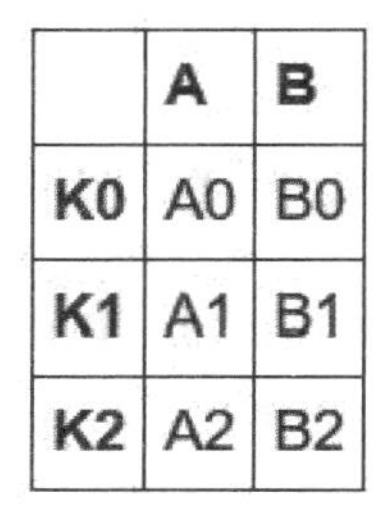

	A	B
K0	A0	B0
K1	A1	B1
K2	A2	B2

leftdf

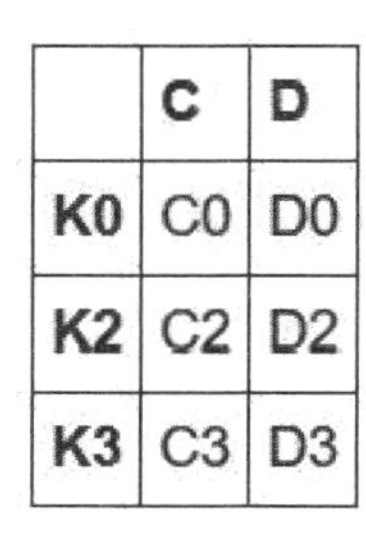

	C	D
K0	C0	D0
K2	C2	D2
K3	C3	D3

rightdf

	A	B	C	D
K0	A0	B0	C0	D0
K1	A1	B1	NaN	NaN
K2	A2	B2	C2	D2

df1

图 7.12　leftdf、rightdf 与 df1 输出格式

如图 7.12 所示，对于 leftdf、rightdf，执行默认的 join 连接：

```
df1 = leftdf.join(rightdf)
```

如图 7.13 所示，引入 on 参数，rightdf 的行索引 index 与 leftdf 名称为 key 的列对齐，执行左外连接：

```
df1 = leftdf.join(rightdf,on = 'key')
```

	A	B	key
0	A0	B0	K0
1	A1	B1	K1
2	A2	B2	K0
3	A3	B3	K1

leftdf

	C	D
K0	C0	D0
K1	C1	D1
K3	C2	D2

rightdf

	A	B	key	C	D
0	A0	B0	K0	C0	D0
1	A1	B1	K1	C1	D1
2	A2	B2	K0	C0	D0
3	A3	B3	K1	C1	D1

df1

图 7.13　引入 on 参数后 leftdf、rightdf 与 df1 输出格式

7.5 Pandas 数据输入和输出

7.5.1 读写 CSV 与 Text 数据

read_csv()和 read_table()分别用于读取 CSV 与 Text 格式的数据，由于可以将 CSV 文件看作是由逗号分隔的文本文件，因此也可以通过 read_table 函数读取 CSV 格式数据。

大部分情况下两个函数可以替换使用，read_csv()可以读取“.txt”文件，read_table 也可以读取“.csv”文件。区别是 read_csv()函数默认情况下按照逗号分隔数据，read_table()函数必须指定分隔符，否则将不对数据进行分隔。

两个函数的参数相同，参数数量多达 54 个，常用参数为：

（1）filepath：字符串格式，用于指定读取文件的路径，也可使用 URL 地址。

（2）sep：字符串格式，指定数据之间的分隔，可以使用正则表达式。

（3）header：整型，默认值为 0，用于指定哪些行作为列名；当 header 为默认值或指定 0 时，函数默认读取文件的第一行作为列名；如果设置 header=None，则说明没有列名，或列名有 names 参数指定。

（4）names：列表类型，用于指定文件的列名。

（5）index_col：指定用作行索引的列编号或者列名，如果给定一个序列则有多个行索引。

（6）skipinitialspace：布尔类型，默认值为 False，指定是否忽略分隔符后的空格，默认情况下不忽略。

（7）nrows：整型，指定需要读取的行数，行数从文件开始位置算起。

（8）encoding：指定读取文件字符的编码类型。

将 DataFrame 写入文本或 CSV 文件的函数为 to_csv()，需要注意的是，Pandas 并没有 to_table()函数。to_csv()函数的参数与 read_csv()函数的参数类似，这里不再赘述。

读写文本文件的示例代码如下：

```
import pandas as pd
df = pd.DataFrame({'name': ['Bob', 'Alex', 'Anna', 'Lisi'],
                   'Hei': ['1.82', '1.73', '1.61', '1.63'],
                   'Old': ['23', '31', '22', '41'],
                   'Id': ['BS001', 'BS092', 'BS612', 'BS008']}
                   )
```

```
#将 df 写入文本文件 dftext
df.to_csv('dftext.txt',sep = ',',index = False)
#读取文件,序号为 1 的列为索引
df1 = pd.read_csv('dftext.txt',index_col = 1)
#读取文件,逗号分隔,重新命名列名
df2 = pd.read_table('dftext.txt',sep = ',',names = ['H','O','N'])
```

首先通过 to_csv()函数,将 DataFrame 写入文本文件,该文件以逗号分隔,忽略索引。再通过 read_csv()和 read_table()函数分别将文本文件读入 df1 和 df2,文本文件和 df1、df2 的输出格式如图 7.14 所示。

dftext - 记事本

文件(F) 编辑(E) 格式(O) 查看(V)

```
Hei, Id, Old, name
1.82, BS001, 23, Bob
1.73, BS092, 31, Alex
1.61, BS612, 22, Anna
1.63, BS008, 41, Lisi
```

dftext 文件格式

	Hei	Old	name
Id			
BS001	1.82	23	Bob
BS092	1.73	31	Alex
BS612	1.61	22	Anna
BS008	1.63	41	Lisi

df1

	H	O	N
Hei	Id	Old	name
1.82	BS001	23	Bob
1.73	BS092	31	Alex
1.61	BS612	22	Anna
1.63	BS008	41	Lisi

df2

图 7.14 文本文件和 df1、df2 的输出格式

7.5.2 读写 Excel 数据

read_excel()函数用于将 Excel 数据读入 DataFrame 中,该函数支持 Excel 2003(.xls) 和 Excel 2007+(.xlsx) 的版本,函数常用参数为:

(1) io:字符串类型,指定 Excel 文件路径。

(2) sheetname:字符串、整型、列表类型或者为 None,默认值为 0;为字符串时指定 sheet 的名称,整型时指定 sheet 的序号。当该参数为列表类型时,可同时返回多张表,sheetname=[0,1]表示返回序号为 0 和 1 的两张表,sheetname=None 表示返回工作簿的所有表。当读取多个 sheet 时,返回结果为以 DataFrame 为元素的字典。

(3) header:与 read_csv()函数相同,该参数用于指定列名所在行。

(4) names:列表类型,指定列名。

to_excel()函数用于将 DataFrame 写入 Excel 文件,常用参数为:

(1) excel_writer:字符串,指定写入的 Excel 文件路径。

(2) sheet_name:字符串,默认为"Sheet1",指定要写入的 sheet 页名称。

(3) columns:列表,选择需要写入的列。

(4) header:布尔型或者字符串列表,默认为 True,指定是否向文件写入列名,如果为字符串列表,则按列表值写入列名。

(5) index:布尔型,默认为 True,指定是否写入索引。

读写 Excel 文件的示例代码如下:

```
df.to_excel('dfexcel.xlsx',index = 0) # 写入 excel 文件,省略索引
df1 = pd.read_excel('dfexcel.xlsx')    # 读入 excel 文件,默认读取
                                          sheet1
```

首先通过 to_excel 将 DataFrame 写入 Excel 文件,默认写入 Sheet1,省略 DataFrame 的索引;再通过 read_excel 读入该 Excel 文件,默认读取 Sheet1,Excel 首行为列名。Excel 文件和 df1 的输出格式如图 7.15 所示。

	A	B	C	D
1	Hei	Id	Old	name
2	1.82	BS001	23	Bob
3	1.73	BS092	31	Alex
4	1.61	BS612	22	Anna
5	1.63	BS008	41	Lisi
6				

dfexcel 文件格式

	Hei	Id	Old	name
0	1.82	BS001	23	Bob
1	1.73	BS092	31	Alex
2	1.61	BS612	22	Anna
3	1.63	BS008	41	Lisi

df1

图 7.15 Excel 文件和 df1 的输出格式

习题

1. 参照下表的数据建立 Series 类型的变量 gpa,将 name 字段设置为该变量的 index。

name	Alex	Ed	Chuck	Cherry	Jay
gpa	3.6	3.1	2.7	2.6	2.1

2. 参照表 7.3 所示的数据，建立 DataFrame 类型的变量 student，将 Sno 字段设置为 index，并设置列名，并完成如下操作：

表 7.3　Student 表

Name	Sno	Dep	Gender	Gpa
Alex	1801	IN	M	3.2
Ed	1802	CS	M	3.1
Chuck	1807	MA	M	2.8
Cherry	1809	AC	F	3.2
Ginny	1805	AT	F	2.7
Abbey	1806	CS	F	2.9
Babs	1821	MA	F	2.1
Bella	1811	IN	F	2.2
Bob	1822	AC	M	3.5

（1）在 student 中插入新的列 Gpa_rt，该列的值为该同学的 Gpa 与所有同学 Gpa 平均值的比值；

（2）引用 student 中 Sno、Gpa 这两列的数据赋值给变量 student_SG；

（3）引用 student 前三行的数据赋值给变量 student_f3，引用 student 后两行的数据赋值给变量 student_b2；

（4）引用 student 中 Name 和 Sno 这两列前三行的数据赋值给变量 student_NS；

（5）筛选出性别为 M 的数据并赋值给变量 student_M；

（6）筛选出 Gpa 大于 3.0 且性别为 F 的数据赋值给 student_GG；

（7）从 student 中删除 Sno 为 1806 这一行的数据。

3. 建立 3 个随机 series 变量 s1、s2、s3，要求 s1、s2、s3 长度均为 100，索引采用默认的自动编号，s1 序列数据为 1～3 之间的随机整数，s2 为 1～2 之间的随机整数，s3 为 50 000～60 000 之间的随机整数，并完成如下操作：

（1）将 s1、s2、s3 在索引上对齐进行横向拼接，将拼接后的 DataFrame 赋值给变量 df；

（2）将df的列名依次修改为“房间数”“卫生间数”“每平方米单价”；

（3）对df重新进行索引设置，索引按1 001～1 100重新编号。

4. 下载数据集文件“pandas_欧洲杯.xlsx”，将该Excel文件的数据导入DataFrame变量euro，并完成如下操作：

（1）从euro中筛选出“球队”“进球数”“传球数”“犯规数”这四列数据；

（2）对球队的“进球数”降序排序，如果进球数相同再按“头球进球数”升序排序；

（3）筛选出前三列的所有数据；

（4）筛选出进球数大于五个球的球队。

5. 下载数据集文件“pandas_书籍销售.xlsx”，将该Excel文件中的四个sheet分别导入四个DataFrame变量tBook、tDetail、tEmployee、tOrder中，并完成如下操作：

（1）从tEmployee中筛选出出生在20世纪70年代员工的信息；

（2）从tEmployee中筛选出“性别”为“男”并且“职位”为“经理”的员工信息；

（3）在tDetail中插入一列“订单总价”（订单总价＝数量*单价）；

（4）对这四个变量执行合理的连接操作生成新的DataFrame变量，要求在该DataFrame中筛选出“职位”为“经理”的雇员的书籍销售情况，筛选结果显示“雇员号”“姓名”“职务”“订单ID”“书籍名称”“数量”等字段；

（5）对这四个变量执行合理的连接操作生成新的DataFrame变量，要求在该DataFrame中筛选出发生在1999年5月期间的销售信息，筛选结果显示“订单ID”“书籍名称”“出版社名称”“数量”“单价”“订购日期”。

第 8 章

Pandas 数据处理常用方法

Pandas 除了提供针对二维表的引用、插入、删除、连接、导入与导出这些基本操作外，还提供了一整套针对数据处理的标准方法。这些方法主要涉及数据处理过程中的分组聚合、缺失值处理、时间序列处理、数据的批量转换等方面。

本章将重点讲解以下几个问题：

■ Pandas 如何实现关系数据库中常用的分组聚合与数据透视表？

■ Pandas 中如何方便高效地处理表中的缺失值？

■ Pandas 中如何表示时间序列数据，时间序列数据与普通的 DataFrame 有何异同？

■ 如何高效快捷地对 DataFrame 中的行、列或所有元素进行批量处理？

8.1 分组统计与转换

关系型数据库经常对二维表进行分组统计与透视表的处理，Pandas 也提供了与之类似的处理方法。

8.1.1 分组统计

在对 DataFrame 进行分组统计的操作时，需要明确三点：一是对哪些属性进行分组；二是对哪些属性进行统计计算；三是进行什么样的统计计算。

首先建立一个 DataFrame 对象 df，代码如下：

```
import pandas as pd
d = {'No':['BS001','BS002','BS005','BS007','BS009','BS012'],
     'age':[18,21,23,19,28,22],
     'gpa':[2.5,2.2,3.2,3.1,2.2,2.5],
     'gender':['F','M','M','M','F','F'],
     'major':['EC','TR','EC','TR','TR','EC']}
s_df = pd.DataFrame(d)
```

df 的输出格式如图 8.1 所示。

	No	age	gender	gpa	major
0	BS001	18	F	2.5	EC
1	BS002	21	M	2.2	TR
2	BS005	23	M	3.2	EC
3	BS007	19	M	3.1	TR
4	BS009	28	F	2.2	TR
5	BS012	22	F	2.5	EC

图 8.1　df 输出格式

如图 8.2 所示，希望统计不同 major 人员的平均 age，将按照三个步骤完成该分组统计操作：①通过 groupby()方法，将 DataFrame 对象在 major 属性上进行分组，分组后将返回一个 groupby 对象。实质上并没有对 groupby 对象进行任何的计算，只是进行了分组。②引用 groupby 对象的 age 属性，groupby 对象包含原 DataFrame 的所有属性，只是对原 DataFrame 的所有属性值按照分组要求进行了重新组合。该步骤只引用需要计算平均值的 age 属性，引用方法与引用 DataFrame 列的方法相同。③调用 mean()计算平均值，注意此时计算平均值是在 groupby 对象的基础上进行。完成分组统计后，将返回一个 series 对象，该对象的索引为分组的属性 major。

②引用分组后的 age 属性
③计算分组对象的平均值
df.groupby(df['major'])['age'].mean()
①按 major 分组

图 8.2　分组统计原理

也可以同时对多个属性分组，并对多个属性进行统计计算：

```
s_df.groupby([s_df ['major'], s_df ['gender']])[['age','gpa']].mean()
```

该行代码首先按 major 分组，再按 gender 分组，分组后分别对 age 和 gpa 属性求平均值。将返回一个具有层次化索引的 DataFrame，其输出格式如图 8.3所示。

		age	gpa
major	gender		
EC	F	20	2.50
	M	23	3.20
TR	F	28	2.20
	M	20	2.65

图 8.3　多属性分组

既然可以对多个属性进行分组，也可以对多个属性进行计算，那么能不能进行多个函数的统计计算呢？答案是肯定的，这时需要调用分组对象的 agg 方法，该方法可以将多个统计函数作用于分组对象上。

```
s_df.groupby(s_df['major'])[['age','gpa']].agg(['mean','std',
'count'])
```

返回结果为 DataFrame 对象，输出格式如图 8.4 所示。

	age			gpa		
	mean	std	count	mean	std	count
major						
EC	21.000000	2.645751	3	2.733333	0.404145	3
TR	22.666667	4.725816	3	2.500000	0.519615	3

图 8.4　多函数计算

该例中 agg 方法所抛出的函数，同时作用于 age 和 gpa 两个属性，如果针对不同的属性，希望应用不同的函数，可以在 agg 方法中以字典形式传入参数。

```
s_df.groupby(s_df['major']).agg({'age':{'age_s':'sum','age_std':
'std'},'gpa':{'gpa_c':'count'}})
```

返回结果如图 8.5 所示。

	age		gpa
	age_std	age_s	gpa_c
major			
EC	2.645751	63	3
TR	4.725816	68	3

图 8.5　不同函数作用于不同的属性

前面的例子，默认都会将分组的属性作为返回对象(series 或 DataFrame)的索引，在一些情况下，我们并不希望把分组属性作为索引，此时可以通过 groupby()方法的 as_index 属性设置。

```
s_df.groupby(s_df['major'],as_index=False)[['age','gpa']].mean()
```

此时，在返回的 DataFrame 中重新建了一个索引，而分组属性只是作为 DataFrame 的普通列，输出格式如图 8.6 所示。

	major	age	gpa
0	EC	21.000000	2.733333
1	TR	22.666667	2.500000

图 8.6　分组属性不作为索引

8.1.2　分组对象的迭代与选取

group 对象支持循环迭代，对于只有一个分组属性的分组对象进行循环迭代时，每次迭代将返回一个由分组键值和分组数据块组成的元组。

```
mg = s_df.groupby(s_df ['major'])
for major,group in mg:
    print(major)
    print(group)
out:
EC
      No    age  gender   gpa  major
0  BS001   18       F     2.5    EC
2  BS005   23       M     3.2    EC
5  BS012   22       F     2.5    EC
TR
      No    age  gender   gpa  major
1  BS002   21       M     2.2    TR
3  BS007   19       M     3.1    TR
4  BS009   28       F     2.2    TR
```

其中,group 是一个 DataFrame 对象,了解了分组对象的这一特性,就能方便地对每个分组的 group 进行遍历处理。

对于多属性的分组,迭代器返回的第一个元素是由多个分组键值构成的元组,第二个元素仍为分组数据块。

```
mg2 = s_df.groupby([s_df ['major'], s_df ['gender']])
for key,group in mg2:
    print(key)
    print(group)
out:
('EC', 'F')
      No    age  gender   gpa  major
0  BS001   18       F     2.5    EC
5  BS012   22       F     2.5    EC
('EC', 'M')
      No    age  gender   gpa  major
2  BS005   23       M     3.2    EC
('TR', 'F')
```

```
     No    age  gender   gpa  major
4  BS009   28      F     2.2    TR
('TR', 'M')
     No    age  gender   gpa  major
1  BS002   21      M     2.2    TR
3  BS007   19      M     3.1    TR
```

也可以通过分组对象的 get_group()方法，直接引用分组对象的 group 数据块，该方法的参数为需要返回数据块的分组键值，将返回该键值对应的 group。

分组键为单一属性的引用：

```
   print(mg.get_group('TR'))
out:
     No    age  gender   gpa  major
0  BS001   18      F     2.5    EC
2  BS005   23      M     3.2    EC
5  BS012   22      F     2.5    EC
```

分组键为多属性时，需要将多个键值以元组的形式传入：

```
   print(mg2.get_group(('EC', 'M')))
out:
     No    age  gender   gpa  major
2  BS005   23      M     3.2    EC
```

8.1.3 分组级转换

分组统计是 Pandas 分组运算的一种类型，本质上是在分组对象上实施某种聚合计算。Pandas 为了数据处理方便，针对实际应用的场景，还提出了一些能够简化数据处理过程的分组级转换。本部分将介绍 transform、unstack、stack 这三个分组转换方法。

transform 方法，是将函数应用到各个分组，并将分组聚合的结果放置到与索引对应的适当位置上。分组聚合后每个分组会计算出一个标量值，transform 会将计算结果广播到同一分组的各行上。

例如针对 s_df，我们希望添加一列 gra_r，该列计算每个学生 gpa 绩点与本专业 gpa 平均绩点的比值。其中一种做法的思路是，首先分组聚合计算各个

major 的 gpa 平均值，然后将分组聚合的 DataFrame 与 s_df 连接，再计算 gra_r 列。这种做法的代码实现如下：

首先按 major 分组并对 gpa 属性求平均值，考虑后续要与 s_df 连接，为避免列名重复，df1 中将求平均后的 gpa 列改名为 gpa_mean，并将 gpa 列删除：

```
df1 = s_df.groupby(s_df['major'],as_index = False)['gpa'].mean()
df1['gpa_mean'] = df1['gpa']
del df1['gpa']
```

再将 df1 与 s_df 进行连接，返回 df2，再在 df2 中计算 gpa_r 列：

```
df2 = pd.merge(s_df,df1,on = 'major')
df2['gpa_r'] = df2['gpa']/df2['gpa_mean']
```

这样的实现方法稍显麻烦，执行连接的目的，实质上只是为了在 s_df 中得到一个与索引对齐的 gpa_mean 列。Pandas 为类似这样的操作提供了 transform 方法，我们不需要为了得到 gpa_mean 列专门执行一次连接操作。transform 方法会在执行分组计算时，返回一个与索引对齐的列。

```
s1 = s_df.groupby(s_df['major'])['gpa'].transform('mean')
s_df['gpa_r'] = s_df['gpa']/s1
```

s1 为 transform 方法返回的一个与原索引对齐的 series，求平均后的 gpa 会根据不同的分组放在与索引对齐的适当位置。s_df 的输出格式如图 8.7 所示。

	No	age	gender	gpa	major	gpa_r
0	BS001	18	F	2.5	EC	0.914634
1	BS002	21	M	2.2	TR	0.880000
2	BS005	23	M	3.2	EC	1.170732
3	BS007	19	M	3.1	TR	1.240000
4	BS009	28	F	2.2	TR	0.880000
5	BS012	22	F	2.5	EC	0.914634

图 8.7　计算 gpa_r 后的 s_df

对多个属性进行分组操作后的返回结果，是一个包含层次化索引的 DataFrame 或 series。对于层次化索引，某些情况下我们希望将内层索引放到列名上，返回类似数据透视表的 DataFrame。Pandas 提供了一组互逆的方法，unstack 和 stack 可以完成这样的操作。

```
    df1 = s_df.groupby([s_df['major'],s_df['gender']])['gpa'].mean()
    print(df1)
out:
major  gender
EC      F          2.50
        M          3.20
TR      F          2.20
        M          2.65
```

分组聚合的结果 df1 为一个具有层次索引的 series，对该 series 执行 unstack 操作后，内层索引 gender 根据其不同的值转成列名。

```
    df2 = df1.unstack()
    print(df2)
out:
gender  F    M
major
EC      2.5  3.20
TR      2.2  2.65
```

stack 方法作为 unstack 的逆变换，可将列名转成内层索引。

```
    df2.stack()
out:
major  gender
EC      F          2.5
        M          3.20
TR      F          2.20
        M          2.65
```

8.1.4 数据透视表

Excel的数据透视表是一个观察数据分组聚合情况的经典工具。它的本质是对行字段和列字段分组后，将聚合值显示在交叉位置，其显示格式非常直观。这样的数据显示格式适用于在数据探索阶段观察数据分组后的规律。

通过Pandas提供的pivot_table方法，可以完美地模拟Excel中的数据透视表。该方法的参数格式如下：

```
pivot_table(data, values = None, index = None, columns = None,
aggfunc = 'mean', fill_value = None, margins = False, dropna = True,
margins_name = 'All')
```

(1) data：指定用于生成数据透视表的DataFrame。

(2) values：指定用于计算的列名。

(3) index：列名或者是列名构成的列表，指定用于分组并显示为行标题的列。

(4) columns：列名或者是列名构成的列表，指定用于分组并显示为列标题的列。

(5) aggfunc：函数名或函数名构成的列表，指定用于聚合计算的函数，默认为numpy.mean。

对s_df进行数据透视表操作，major为行标题，gender为列标题，对No列进行count函数的聚合。如果行标题或列表为多个字段时，将字段名以列表的形式传入即可，示例代码如下：

```
pd.pivot_table(s_df,values = 'No',index = 'major',columns = 'gender',
aggfunc = 'count')
out:
gender  F  M
major
EC      2  1
TR      1  2
```

8.2 缺失值处理

将外部数据读入DataFrame中难免会出现缺失值，也就是我们常说的空值,Pandas 使用 NaN 表示缺失数据。而缺失值的存在会对后期的数据分析工作产生一定的影响,因此在数据处理阶段对 DataFrame 中的缺失值进行合理的处理是非常重要的环节。对于缺失值的处理主要有三类方法,即删除法、替补法和插值法。

(1) 删除法:当数据中的某列的值大部分为缺失值时,可以考虑删除该列数据;当缺失值是随机分布的,且缺失的数量并不是很多时,可以考虑删除该行数据。

(2) 替补法:对于连续型变量,可以通过平均数或中位数来替换缺失值;对于离散型变量,一般用众数去替换那些存在缺失的观测。

(3) 插值法:对于具有线性特征的变量,可以用线性模型所计算出来的预测值来替换缺失值。

Pandas 提供了一些常用的缺失值处理方法,如表 8.1 所示。

表 8.1　常用缺失值处理方法

方法	说　明
count	返回非 NaN 值的数量
dropna	根据是否存在缺失数据对特点轴进行过滤
fillna	用指定值或插值方法填充缺失数据
isnull	返回一个含有布尔值的对象,这些布尔值表示哪些值是缺失值/NA,该对象的类型与源类型一致
notnull	isnull 的否定式

首先建立一个包含缺失值的 DataFrame 对象:

```
import pandas as pd
import numpy as np
d = {'No':['BS001','BS002','BS005','BS007','BS009','BS012'],
     'age':[18,21,np.nan,19,np.nan,22],
     'height':[1.65,1.75,1.81,np.nan,np.nan,1.59],
     'gender':['F','M','M',np.nan,np.nan,np.nan]}
df = pd.DataFrame(d)
```

缺失值 NaN 可通过 Numpy 的 nan 方法产生,df 的输出格式如图 8.8 所示。

	No	age	gender	height
0	BS001	18.0	F	1.65
1	BS002	21.0	M	1.75
2	BS005	NaN	M	1.81
3	BS007	19.0	NaN	NaN
4	BS009	NaN	NaN	NaN
5	BS012	22.0	NaN	1.59

图 8.8　df 的输出格式

8.2.1　缺失值查询

通过 isnull()方法可查询整个 DataFrame 或某列的缺失值，返回一个包含布尔值的对象，该对象类型与原对象一致，例如：

```
na1 = df['gender'].isnull()
na2 = df.isnull()
```

df['gender']的 isnull()方法将返回一个 series 对象，df['gender']中的缺失值，在返回的 series 的对应位置为 True；同理，df 对象的 isnull()方法将返回一个由布尔类型元素构成的 DataFrame 对象。

一些情况下，我们并不想返回一个 series 或者 DataFrame，只想知道是否有缺失值，当有缺失值时返回 True，否则返回 False，可通过如下代码实现：

```
df['gender'].isnull().values.any()
df.isnull().values.any()
```

其中 values 返回一个由布尔元素构成的 array，any()方法则检查该 array 中是否存在 False，如果存在 False 则返回 True，否则返回 False。

有时我们更关心到底有多少个缺失值，此时可以通过 sum()对布尔类型的元素求和，从而得到缺失值的个数，例如：

```
na1 = df['gender'].isnull().sum()
na2 = df.isnull().sum()
na3 = df.isnull().sum().sum()
```

na1 为整型数，其值是 gender 这一列缺失值的个数；na2 为 series 类型，其值是 DataFrame 上每一列缺失值的个数；na3 为整型，返回整个 DataFrame 缺失值的个数。

8.2.2　缺失值删除

dropna()方法可根据缺失值情况，对 DataFrame 对象的行和列进行删除，该方法的具体参数如下：

```
df.dropna(axis = 0, how = 'any', thresh = None, subset = None, inplace
 = False)
```

(1) axis：0 或 1，指定删除的轴，默认值为 0，删除行。当 axis＝1 时，删除列。

(2) how："any"或"all"，默认为"any"，表示指定轴只要有一个缺失值就删除；当该参数为"all"时，表示只有当指定轴的所有值为 NaN 时才删除。

(3) thresh：整型，表示指定轴至少应该有几个缺失值时才删除。

(4) subset：列表，用于指定过滤缺失值时，沿特定轴上所考虑的标签，例如当删除行时，只删除 subset 所指定的列名存在缺失值的行。

(5) inplace：布尔值，默认为 Fasle，此时将返回过滤缺失值后的 DataFrame，原对象值不变；当参数为 True 时，直接删除原对象的缺失值。

需要注意的是，如果不对 inplace 参数进行设置，默认情况下 dropna()方法只是过滤掉符合条件的缺失值数据后返回一个新的 DataFrame，而不改变原对象的值。另外，默认情况下 dropna()是在行上检查缺失值并删除整行，只有当 axis＝1 时，才在列上检查缺失值并删除整列。

```
df1 = df.dropna()
```

执行该行代码，将过滤掉凡是包含缺失值的行，并将过滤后的结果返回给 df1，df 的值并不改变。只有设置 inplace 参数为 True 时，才会从原对象中删除数据。

改变 how，thresh，subset 参数的值，可以灵活设置缺失值的过滤条件。

```
df2 = df.dropna(how = 'all')    # 只有该行上的所有属性都为缺失值才
                                  过滤
df3 = df.dropna(thresh = 2)     # 只有该行上大于 2 个属性为缺失值才
                                  过滤
df4 = df.dropna(subset = ['age','height']) # 该行上 age 或者 height 属
                                             性为缺失值时才过滤
```

执行以上代码,df1～df4 的输出格式如图 8.9 所示。

	No	age	gender	height
0	BS001	18.0	F	1.65
1	BS002	21.0	M	1.75

df1

	No	age	gender	height
0	BS001	18.0	F	1.65
1	BS002	21.0	M	1.75
2	BS005	NaN	M	1.81
3	BS007	19.0	NaN	NaN
4	BS009	NaN	NaN	NaN
5	BS012	22.0	NaN	1.59

df2

	No	age	gender	height
0	BS001	18.0	F	1.65
1	BS002	21.0	M	1.75
2	BS005	NaN	M	1.81
3	BS007	19.0	NaN	NaN
5	BS012	22.0	NaN	1.59

df3

	No	age	gender	height
0	BS001	18.0	F	1.65
1	BS002	21.0	M	1.75
5	BS012	22.0	NaN	1.59

df4

图 8.9　df1、df2、df3、df4 的输出格式

以上例子都是在 axis 为 0 的情况下,默认删除行;当 axis 参数为 1 时,dropna()方法将删除列。

8.2.3　填充缺失值

DataFrame 的 fillna 方法用于填补 DataFrame 中的缺失值,其具体参数如下:

```
df.fillna(value = None, method = None, axis = None, inplace = False,
limit = None)
```

(1) value:指定用于替换 NaN 的值。

(2) method:指定填补 NaN 的具体方法,可选择 'backfill', 'bfill', 'pad',

'ffill', None，默认为 None。pad/ffill 用前一个非缺失值填补，backfill/bfill 用后一个非缺失值填补，None 则通过指定值去填补。

(3) limit：整型，指定可以连续填充的最大数量。

对整个 DataFrame 的缺失值按某个指定值进行填充的代码如下：

```
df1 = df.fillna(0)
df2 = df.fillna(df.fillna(method = 'pad',limit = 2))
```

df2 采用向后填值法，使用前一个非缺失值填补当前缺失值，同时 limit 参数设置为 2，因此最多填充后面两个连续的缺失值。df2 的输出格式如图 8.10 所示。

	No	age	gender	height
0	BS001	18.0	F	1.65
1	BS002	21.0	M	1.75
2	BS005	21.0	M	1.81
3	BS007	19.0	M	1.81
4	BS009	19.0	M	1.81
5	BS012	22.0	NaN	1.59

图 8.10　df2 的输出格式

如果只希望对 age 这一列的缺失值填充，填充值为 age 这一列的平均值，代码如下：

```
df.fillna(df['age'].mean())
```

需要注意的是，fillna()也有 inplace 参数，因此默认情况下会返回填充后的副本，并不改变原对象的值。

8.3　时间序列数据处理

时间序列是指将同一统计指标的数值按其发生的时间先后顺序排列而成的

数值序列。在大量的业务领域，时间序列都是一种常见且重要的数据形式，如社会经济数据、股市等金融数据、服务器日志数据、消费者消费行为数据等。

Pandas 在设计之初就主要用于对时间序列数据的处理与分析，并且提供了一套标准的用于时间序列数据处理和分析的方法，通过这些方法可以轻松地完成序列数据的切片、采样、平滑、聚合等操作，实践证明这些方法非常高效。

8.3.1 Python 的日期时间类型

学习 Pandas 的时间序列操作之前，有必要先了解 Python 中日期时间数据的类型及相关方法。Python 与日期时间相关的模块主要是 datetime、time 和 calendar 这三个模块。本部分主要介绍 datetime 模块的日期时间数据结构及方法。

datetime 中主要用四种形式存放日期时间类型的数据，如表 8.2 所示。

表 8.2 datetime 模块的日期时间数据类型

类型	说 明
datetime	将时间存储为年、月、日、时、分、秒、毫秒
date	将日期存储为年、月、日
time	将日期存储为时、分、秒、毫秒
timedelta	两个 datetime 的间隔，形式为日、秒、毫秒

datetime.datetime.now()方法，将以 datetime 数据类型返回系统当前时间：

```
    import datetime as dt
    dt.datetime.now()
out:
datetime.datetime(2018, 2, 27, 23, 3, 23, 372396)
```

datetime.datetime()方法，能够将输入的时间返回成 datetime 类型：

```
    dt.datetime(2018,2,19,12)
out:
datetime.datetime(2018, 2, 19, 12, 0),
```

两个 datetime 类型数据之差，返回 timedelta 类型数据：

```
    dt.datetime(2018,6,1,12)-dt.datetime(2018,3,21,22)
out:
datetime.timedelta(71, 49440) # 两个日期相差 71 天 49440 秒
```

在数据处理任务中，时间的存储形式通常为字符串格式，因此在导入数据时需要将以字符串存储的时间转化为 Python 认可的时间类型，datetime.striptime（value，format）方法，能够按指定的格式将字符串解析为 datetime 类型的时间。value 参数为需要转化的字符串，format 为时间的解析格式，例如：

```
    t = '2018-12-31 13:24:51'
    dt.datetime.striptime(t,'%Y-%m-%d %H:%M:%S')
out:
datetime.datetime(2018, 12, 31, 13, 24, 51)
```

datetime.striptime 方法中，表示时间解析格式的 format 参数的定义如表 8.3 所示。

表 8.3 striptime 方法时间格式参数定义

格式编码	说　明
%Y	4 位数字表示年，如 2018
%Y	2 位数字表示年，如 18
%M	2 位数字表示月，如 01～12
%D	2 位数字表示天，如 01～31
%H	小时，24 小时制，00～23
%I	小时，12 小时制，01～12
%M	2 位数字表示分，00～59
%S	2 位数字表示秒，00～59
%W	整数表示星期几，0～6，0 表示周天
%U	2 位数字表示每年的第几周，00～53，周天为每周第一天
%W	2 位数字表示每年的第几周，00～53，周一为每周第一天

8.3.2 Pandas 中的时间序列数据类型

Pandas 库表示时间的数据类型与 datetime 库有所不同，datetime 库主要是

针对单个时间类型数据的处理，Pandas 主要是针对时间序列数据的处理。因此，Pandas 在 datetime 的基础上进一步扩展了数据类型，如表 8.4 所示。

表 8.4　Pandas 时间类型数据结构

类型	说　明
Timestamp	时间戳，表示单个时间，类似于 datetime 类型
DatetimeIndex	时间戳索引
Period	时间跨度，表示单个的时间跨度
PeriodIndex	时间跨度索引

Pandas 用 Timestamp（时间戳）表示时间序列中最基本的时间点数据，Timestamp 与 datetime 库的 datetime 类型类似，Pandas 可以方便地将 datetime 类型的数据自动转化为 timestamp。

Pandas 的 Timestamp 方法可以将 datetime 类型或字符串转换为 Timestamp 类型的时间。将字符串转换为 Timestamp 时，Timestamp 方法并没有像 datetime 方法一样设置 format 参数，因此 Timestamp 只能识别一些常见的时间字符串格式，如果遇到不常见的时间字符串格式，建议先将其转换为 datetime 类型，再转换为 Timestamp 类型。示例代码如下：

```
    pd.Timestamp(dt.datetime(2012,5,1,12,23,33))
out: Timestamp('2018-05-01 12:23:41')

    pd.Timestamp('2018/05/01')
out:Timestamp('2018-05-01 00:00:00')

    pd.Timestamp('05/01/18 12:23:41')
out: Timestamp('2018-05-01 12:23:41')
    pd.Timestamp('2018-05-01')
out: Timestamp('2018-05-01 00:00:00')
```

Pandas 中还是用 Series 和 DataFrame 来存储时间序列数据，与一般的 Series 和 DataFrame 不同的是，存储时间序列数据的 Series 和 DataFrame 的索引（index）是由 Timestamp 数据的序列构成。Pandas 专门将由 Timestamp 的序列构成的索引定义为 DatetimeIndex 类型。示例代码如下：

```
    dates = [pd.Timestamp('2018-06-01'), pd.Timestamp('2018-06-02'), pd.
            Timestamp('2018-06-03')]
    ts = pd.Series([12.1,12.5,12.4], index = dates)
    type(ts.index) # 返回 ts 索引的类型
out:
pandas.tseries.index.DatetimeIndex
```

to_datetime()方法与 Timestamp 方法的功能类似，可以将字符串数据转换成 Timestamp 类型的日期时间。但不同的是，to_datetime()方法既可以把单个的字符串时间转换成 Timestamp，还可以将由字符串时间构成的序列数据转换成 datetime 类型的 series 或 DatetimeIndex。示例代码如下：

```
    pd.to_datetime('2018/06/01')
out: Timestamp('2018-06-01 00:00:00')

    pd.to_datetime(pd.Series(['2018/03/01', '2018-09-10', '05/01/18']))
out:
0   2018-03-01
1   2018-09-10
2   2018-05-01
dtype: datetime64[ns]

    pd.to_datetime(['2018/11/23', '2018.12.31','06-01-18'])
out: DatetimeIndex(['2018-11-23', '2018-12-31', '2018-06-01'])
```

执行以上代码时发现，当向 to_datetime 方法传入单个的时间字符串时，返回 Timestamp；当传入参数为由时间字符串构成的 series 时，返回由 datetime 构成的 series；当传入参数为 list 时，返回 DatetimeIndex。

当导入了一个普通的 DataFrame，希望将它转换为一个时间序列 DataFrame(索引为 DatetimeIndex)。其操作思路是首先将字符串时间转换为 datetime 类型，再将这一列设置为索引。

首先建立一个 DataFrame，其中 date 列是字符串的日期数据。要把 df 转换成时间序列的 DataFrame，就要将 date 列作为索引，并且 date 用作索引时必须是 DatetimeIndex 类型。

```
    df = pd.DataFrame({'date': ['2018-01-01', '2018-02-03', '2018/03/04',
                              '2018.12.4'],
                              'low': ['11', '13', '11', '18'],
                              'high': ['23', '21', '22', '21']})
    df
out:
     date          high  low
0  2018-01-01      23     11
1  2018-02-03      21     13
2  2018/03/04      22     11
3  2018.12.4       21     18
```

将 name 列的字符串转换成 datetime 类型，再把 name 列设置成索引：

```
    df['date'] = pd.to_datetime(df['date'])
    df.set_index('date',inplace = True)
    df
out:
            high  low
date
2018-01-01  23     11
2018-02-03  21     13
2018-03-04  22     11
2018-12-04  21     18
```

8.3.3 时间序列的频率、切片、重采样

Pandas 的时间序列数据本质上仍然是 DataFrame 类型的数据，因此，前一章所介绍的所有关于 DataFrame 的属性和操作，对于时间序列数据同样适用。同时，由于时间序列数据的 index 为 DatetimeIndex 类型，这就决定了它能完成更加丰富和灵活的操作。接下来我们将介绍一些 Pandas 对于时间序列数据的特有的操作方法，主要包括频率操作、切片操作、重采样操作和移动窗口操作。

1. 时间序列的频率和切片

Pandas 的 date_range 方法，该方法可以通过指定起始日期、时间跨度和频率的方式建立一个 DatetimeIndex，具体参数格式如下：

```
pandas.date_range(start = None, end = None, periods = None, freq = 'D')
```

Freq 指定产生时间序列的频率，该参数的编码符号如表 8.5 所示。

表 8.5　date_range 方法 freq 参数编码

频率编码	说　明
M	每月
W	每周
D/D	每天
B	每工作日
H/H	每小时
T/MIN	每分钟
S	每秒
L/MS	每毫秒

通过 date_range 方法建立时间序列索引，并生产一个 DataFrame：

```
import numpy as np
import pandas as pd
dates = pd.date_range('2018/1/1', periods = 100, freq = 'D')
dfday = pd.DataFrame(np.random.randn(100,3),index = dates,columns = ['Bei','Shang','Guang'])
dfday.head()   # 显示前 5 行
out:
                 Bei          Shang       Guang
2018-01-01   0.005381    -0.326737   0.150773
2018-01-02   0.103168    -0.242013   0.277353
2018-01-03   1.817636    1.495662    -0.095669
2018-01-04   -0.475126   0.517176    -0.483868
2018-01-05   -1.248169   0.438927    0.168218
```

代码 np.random.randn(100,3)是调用 numpy 模块的 random.randn 方法，

生成一个100行3列的符合正态分布的array。

时间序列DataFrame可以和普通的DataFrame一样,对索引进行切片,传入的参数可以是字符串、datetime或Timestamp:

```
dfday.loc['2018/1/3':'2018/1/6']
```

更方便的是,时间序列还可以按年或按月直接切片:

```
dfday.loc['2018'] #引用2018年全年的数据
dfday.loc['2018/03'] #引用2018年3月的数据
```

当时间序列索引存在重复时,可以对索引进行分组聚合:

```
df = pd.DataFrame({'date': ['2018-01-01', '2018-01-01', '2018/02/04',
                   '2018.2.4'],
                   'low': ['11', '13', '11', '18'],
                   'high': ['23', '21', '22', '21']})
df['date'] = pd.to_datetime(df['date'])
df.set_index('date',inplace = True)
df.index.is_unique    #查看索引是否有重复,有重复返回False
df.groupby(level = 0).count()
out:
            high  low
date
2018-01-01  2     2
2018-02-04  2     2
```

代码groupby(level=0)指的是分组键为索引。

2. 时间序列的重采样与移动窗口方法

采用时间序列处理数据时,经常需要将高频数据转换为低频数据,或是将低频数据转换为高频数据,这就是时间序列的重采样。重采样分为两种:降采样(高频数据到低频数据)和升采样(低频数据到高频数据)。

Pandas专门提供了resample方法进行时间序列数据的重采样操作。resample方法常用的参数格式如下:

```
resample(rule, how = None, axis = 0, fill_method = None, closed =
None, label = None, convention = 'start', kind = None, loffset = None,
limit = None, base = 0)
```

resample 方法参数说明如表 8.6 所示。

表 8.6　resample 方法参数表

参数	说　明
rule	表示重采样频率的字符串，例如 M、5min、2D
how='mean'	用于产生聚合值的函数名
axis=0	默认是纵轴，横轴设置 axis=1
fill_method	升采样时如何插值，比如 ffill、bfill 等
closed	在降采样时，各时间段的哪一段是闭合的，right 或 left，默认 right
closed	在向前或向后填充时，允许填充的最大时期数

继续使用前面的 dfd 数据框，dfd 为从“2018-01-01”日开始，时间跨度 100 天，频率为 1 天的时间序列。对 dfd 进行降采样，每 5 天进行一次采样，采样数据为采样周期内数据的平均值，示例代码如下：

```
    df5day = dfday.resample('5D',how = 'mean')
    df5day.head()    #重采样数据取前 5 条输出
out:
                 Bei        Shang       Guang
2018-01-01  0.040578   0.376603   0.003361
2018-01-06  -0.338390  0.204419   -0.689990
2018-01-11  0.197200   -0.087942  0.234789
2018-01-16  -0.274677  -0.216382  -0.157335
2018-01-21  -0.726119  -0.114679  0.196417
```

升采样不需要聚合，但是需要填充缺失的值。对于频率为 5 天的时间序列 df5day，频率升为 1 天，用前值填充后面 4 天的缺失值，示例代码如下：

```
    dfrday = df5day.resample('D',fill_method = 'ffill')
    dfrday.head()
out:
                 Bei       Shang      Guang
2018-01-01  0.040578  0.376603  0.003361
2018-01-02  0.040578  0.376603  0.003361
```

```
2018-01-03    0.040578   0.376603   0.003361
2018-01-04    0.040578   0.376603   0.003361
2018-01-05    0.040578   0.376603   0.003361
```

时间序列的移动窗口处理，指的是通过观察某个观测点附近区间的数据，来确定该观测点的数值。随着观测点的移动，观察区间也随之移动，这个区间就是窗口，作用在窗口区间上的观察函数就是窗口函数。股市中某只股票价格的月线，实质上就是对每天的股票价格求月移动平均，窗口区间为月，窗口函数为求平均。Pandas 提供的常用移动窗口函数如表 8.7 所示，所有的移动窗口函数都会自动排除窗口区间的缺失值。

表 8.7　常用移动窗口函数

函数名	说　明
rolling_count	返回各窗口非 NaN 观测值的量
rolling_sum'	移动窗口的和
rolling_mean	移动窗口的平均值
rolling_median	移动窗口的中位数
rolling_var rolling_std	移动窗口的方差和标准差，分母为 n－1
rolling_min rolling_max	移动窗口的最小值和最大值
rolling_corr rolling_cov	移动窗口的相关系数和协方差
rolling_apply	对移动窗口应用普通数组函数

以 rolling_mean 函数为例，该函数的参数格式如下：

```
    rolling_mean(arg, window, min_periods = None, freq = None, center =
False)
```

（1）arg：series 或 DataFrame，参与移动窗口计算的时间序列。

（2）window：整型，表示移动窗口的大小。

（3）min_periods：整型，默认为 None，指定窗口区间最少的非 NaN 观测值的数量，如果达不到该最小值，则观测点返回 NaN。

(4) freq:表示频率的字符串,默认为 None,指定观测点的采样频率。

(5) center:True 或 False,默认为 False,默认情况下观测点位于窗口区间的后端,当为 True 时观测点位于窗口区间的中间。

对于时间序列 dfd,执行移动窗口平均操作,窗口大小为 3 天,示例代码如下:

```
pd.rolling_mean(dfday,window = 3).head()
out:
              Bei        Shang       Guang
2018-01-01   NaN        NaN         NaN
2018-01-02   NaN        NaN         NaN
2018-01-03   0.642062   0.308971    0.110819
2018-01-04   0.481893   0.590275    - 0.100728
2018-01-05   0.031447   0.817255    - 0.137107
```

由于窗口区间为三天,而前两个观测点的观测区间不足 3 天,因此观测值返回 NaN。设置 center 参数为 True,观测点位于窗口的中间,此时只有第一个观测点由于窗口区间小于 3 而返回 NaN,示例代码如下:

```
pd.rolling_mean(dfday,window = 3,center = True).head()
out:
              Bei           Shang       Guang
2018-01-01   NaN           NaN         NaN
2018-01-02   0.642062      0.308971    0.110819
2018-01-03   0.481893      0.590275    - 0.100728
2018-01-04   0.031447      0.817255    - 0.137107
2018-01-05   - 0.898977    0.325794    0.051904
```

8.3.4　时间序列绘图

Pandas 提供了专门的时间序列的绘图功能。与 matplotlib 相比,Pandas 所提供的时间序列绘图功能在日期格式的处理上更加快捷高效。

对 series 或 DataFrame 的任意一列调用 plot()方法,便可快速地绘制一张时间序列图表,该图表自动将 DatetimeIndex 作为横轴,该序列的值作为纵轴。

```
%matplotlib inline
dfday['Bei'].plot()
```

绘制的时间序列图如图 8.11 所示。

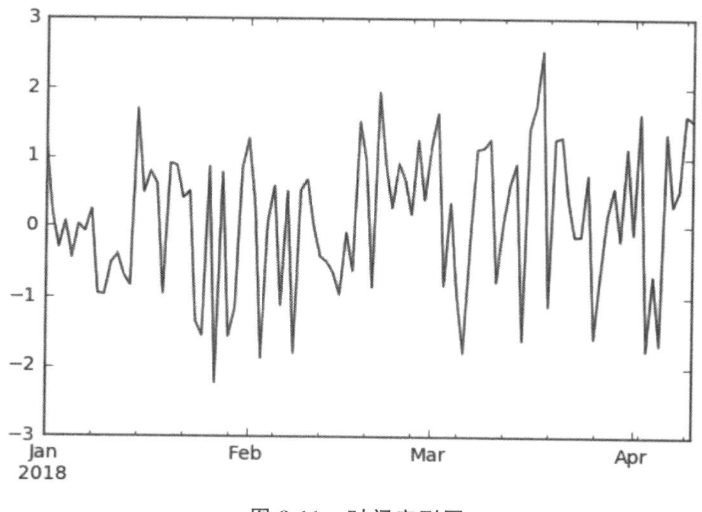

图 8.11　时间序列图

如果直接调用某 DataFrame 对象的 plot()方法，将会在图表上显示该 DataFrame 上的所有列，并以图例加以区分。

8.4　向量转换

在对数据进行批量处理时，传统的方法是在循环中对批量数据进行遍历并处理。自从 Python 的 numpy 库引入了 array 这一对应于向量的数据结构之后，针对向量的批量转换方法也应运而生。Pandas 针对向量的批量转换方法主要有 apply()和 applymap()。apply 方法将某个函数作用于 DataFrame 对象的每个行或列，applymap 则把某个函数作用于 DataFrame 中的每个元素。

仍然对本章的 s_df 对象操作，要统计每列非 0 值的个数，只要通过 apply()方法，将 numpy 库中计算非 0 值的函数 count_nonzero 应用到 s_df 的各列即可，示例代码如下：

```
   import numpy as np
   s_df.apply(np.count_nonzero)   #对 s_df 的所有列进行向量转换
out:
No         6
age        6
```

```
gender        6
gpa           6
major         6
```

默认情况下 apply 是将函数作用于列，如果希望将函数作用于行时，参数 axis=1 即可。

希望对 gpa 这一列的值进行调整，如果 gpa 的值小于 3，在原来值的基础上加 0.3；如果 gpa 的值大于等于 3，则在原来的基础上加 0.1。对这样的转换需要自定义函数，示例代码如下：

```
    def ad_gpa(s):
        if s〉= 3:
            return s + 0.1
        else:
            return s + 0.3
    s_df['gpa'].apply(ad_gpa)   #对 s_df 的 gpa 列进行向量转换
out:
0     2.8
1     2.5
2     3.3
3     3.2
4     2.5
5     2.8
```

本例中 ad_gpa 函数实质上只用了一次，如果在后续的代码中并不需要再使用该函数，专门定义一个函数显得多余。对于只使用一次的函数 Python 提出了匿名函数的概念，上面的代码可以简化为：

```
    s_df['gpa'].apply(lambda s:s + 0.1 if s〉= 3 else s + 0.3)
```

apply 中传入的函数为匿名函数 lambda，该函数的参数为 s，根据 s 的值不同，返回 s+0.1 或者 s+0.3。

如果希望检查 s_df 中是否存在空值，如果发现空值则以 NaN 替换。对于这个任务，可以通过 mapapply 方法对 DataFrame 中每个元素进行批量转换：

```
    s_df.applymap(lambda s: np.nan if s = = '' else s)
```

习题

1. 下载数据集文件“pandas_学生.xlsx”，将该Excel文件中的三个Sheet分别导入三个DataFrame变量tStudent、tGrade、tCourse中，并完成如下操作：

(1) 检查三个DataFrame是否有缺失值，如存在缺失值，采用前值填充；

(2) 在tStudent中添加一列“age”，根据每个学生的出生日期计算当前的年龄；

(3) 分组统计各门课程的选修人数与平均成绩；

(4) 分组统计每个学生该学期选修的学分数；

(5) 利用向量转换函数将考试成绩在55分至60分之间的学生成绩，批量修改为60分。

2. 下载数据集文件“pandas_余额宝收益率.xlsx”，将该数据集中余额宝的七日年化收益率数据导入DataFrame变量Ror中，并完成如下操作：

(1) 将变量Ror转换成时间序列；

(2) 从Ror中筛选出2018年5月期间的收益率数据，并将该数据赋值给变量Ror_5；

(3) 统计数据集中“七日年化收益率”大于4%的天数；

(4) 找出该收益率时间系列中收益率最高的是哪一天，找出平均收益率最高的是哪一月；

(5) 绘制余额宝2017年6月至2018年5月间“七日年化收益率”的时间序列图表；

(6) 对该数据集进行降采样，采样周期为每周，填充值为该周的平均七日年化收益率；

(7) 绘制余额宝“七日年化收益率”的30日移动平均线图。

3. 下载数据集文件“pandas_苹果股价.xlsx”，将该数据集导入DataFrame变量Apple中，并完成如下操作：

(1) 将变量Apple转换成时间序列；

(2) 给Apple变量添加新的一列“股价涨幅”，股价涨幅=(当天收盘价-前一天收盘价)/前一天收盘价；

(3) 计算1980年到2013年间每年的股价涨幅；

(4) 给Apple变量添加新的一列“月成交比率”，月成交比率=当日成交量/当月成交量的平均值；

(5) 绘制苹果“股价涨幅”的10日移动平均线和20日移动平均线。

第 9 章

数据处理实战

本章将通过“二手房”和“职位招聘”这两个在线爬取的原始数据集的数据处理实战，讲解原始数据中常见的数据处理任务及相应的解决方案。

本章将重点讲解以下几个问题：

■原始数据中缺失值有哪些常见的情况？如何处理这些缺失值？

■如何分解单一字段中的多属性特征？

■如何将定性属性转换为虚拟变量？

■如何对文本描述信息进行分词，并建立词频矩阵？

9.1 二手房数据处理

本节将对本书第 6 章爬取的二手房数据进行清洗和处理。在该实例中主要涉及的数据处理任务包括：

(1) 爬取的原始数据中大部分的缺失数据并不是固定的格式，一些缺失数据可能是空值，一些缺失数据可能是某种文本提示信息，一些缺失数据甚至可能是空格。因此，需要在观察这些缺失数据的规律后，将其替换为标准的 NaN 值。

(2) 原始数据中的某些列，可能在一列中包含多个属性特征，在数据处理阶段需要将这些包含多个属性特征的列分解为多列，使得每一列值反映数据对象的一个属性。例如本实例中“房屋户型”列，该列包含“室”“厅”“厨”“卫”四个属性，因此，需要将该列分解为四列。

(3) 原始数据中某些列只是反映数据对象的定性特征，这些列的值并无大小或多少的数值含义，因此，对这些列需要进行虚拟变量的数据重塑。

本实例主要通过以下四个步骤完成这三项数据处理任务。

9.1.1 数据导入与观测

下载爬取的原始数据集文件“二手房.xlsx”，将该数据集导入 DataFrame

中，把第0列房屋编号字段作为行索引，并查看数据格式。

```
import pandas as pd
import numpy as np
df = pd.read_excel('lianjia.xlsx', index_col = 0) # 导入数据，索引为第0列
df.info()  #查看 dataframe 字段格式
out:
Int64Index: 2939
Data columns (total 16 columns):
总价        2939 non-null float64
小区        2939 non-null object
区域        2939 non-null object
房屋户型      2939 non-null object
所在楼层      2939 non-null object
建筑面积      2939 non-null object
户型结构      2939 non-null object
建筑类型      2939 non-null object
房屋朝向      2939 non-null object
建筑结构      2939 non-null object
装修情况      2939 non-null object
梯户比例      2939 non-null object
交易权属      2939 non-null object
产权所属      2939 non-null object
挂牌时间      2939 non-null object
上次交易      2939 non-null object
memory usage: 390.3+ KB
```

通过 info()方法，可以查看 DataFrame 对象的字段格式。df 中共计 16 个字段，2 939 行，除总价字段为浮点型，其余字段均为字符串型，数据占据内存空间共计 390.3KB。进一步查看数据的值：

```
df.head()  #查看前5行数据
df.head(10)  #查看前10行数据
df.tail()  #查看后5行数据
df.describe()  #查看描述性统计结果
```

9.1.2　缺失值处理

经过对 DataFrame 中数据的初步观察发现，所有缺失数据均显示为“暂无数据”，为便于后续处理，需将“暂无数据”全部替换为 NaN 值。有两种方法可以实现这一操作：

（1）利用前一章讲到的可以实现向量转换的 applymap 方法，遍历 DataFrame 的所有元素，并对这些元素执行 applymap 方法指定的函数操作。示例代码如下：

```
def replace_with_nan(s):
    if s == '暂无数据':
        return np.nan
    else:
        return s
df = df.applymap(replace_with_nan)
```

首先定义函数 replace_with_nan，该函数的传入参数为 s，函数根据参数 s 的值是否等于“暂无数据”决定是否返回 NaN 值。通过 numpy 的 nan 方法返回 NaN 值。

（2）在 DataFrame 读入时指定需要替换为 NaN 的值，通过 pandas.read_excel 方法中的参数 na_values，指定导入的文件中需要替换为 NaN 的元素。示例代码如下：

```
df = pd.read_excel('lianjia.xlsx', index_col = 0, na_values = '暂无数据')
```

将所有 '暂无数据' 替换为 NaN 值后，进一步统计所有字段的 NaN 值情况：

```
df.isnull().sum()
```

观察统计结果发现，“户型结构”字段全为空值，“产权所属”有 2 723 个空值，“建筑类型”有 21 个空值，“房屋朝向”有 154 个空值。根据空值的数量情况，考虑直接删除“户型结构”和“产权所属”字段，“建筑类型”和“房屋朝向”字段根据前值填充 NaN。

```
del df['户型结构']
del df['产权所属']
df = df.fillna(method = 'pad')
```

9.1.3 数据转换

处理缺失值后执行 df.head()命令观察 DataFrame 前 5 条数据格式，如图 9.1所示。观察数据格式后，进行如下数据转换操作：

(1) “挂牌时间”和“上次交易”字段为字符串格式，为便于数据分析阶段对时间的统计操作，需将字符串格式转换为 datetime 类型。

(2) “建筑面积”字段去掉“㎡”字符后，转换为浮点型。

(3) “区域”字段包含三部分信息，分别为所在区、板块、环线，将该字段分割成“区”“板块”“环线”三个字段。

(4) 将“房屋户型”分割为“室”“厅”“厨”“卫”四个字段。

(5) “所在楼层”字段分割为“楼层位置”“楼层总数”两个字段。

(6) “梯户比例”字段分割为“电梯数”“楼层户数”两个字段。

	总价	小区	区域	房屋户型	所在楼层	建筑面积	建筑类型	房屋朝向	建筑结构	装修情况	梯户比例	交易权属	挂牌时间	上次交易
房屋编号														
107002321157	850.0	中环家园	普陀 万里 内环至中环	3室2厅1厨2卫	低楼层 (共10层)	142.21㎡	板楼	南	钢混结构	精装	一梯两户	商品房	2018-01-07	2007-01-01
107000752483	205.0	荣乐小区	松江 松江老城 外环外	2室1厅1厨1卫	低楼层 (共6层)	55.1㎡	板楼	南	砖混结构	精装	一梯两户	商品房	2018-01-03	2012-05-05
107000488257	880.0	风度国际	闵行 金汇 中环至外环	2室2厅1厨2卫	中楼层 (共11层)	117.83㎡	板楼	南	钢混结构	精装	一梯两户	商品房	2018-01-10	2011-04-22
107000285319	790.0	梓树园	徐汇 康健 内环至中环	2室2厅1厨1卫	中楼层 (共23层)	111.29㎡	塔楼	南	钢混结构	简装	一梯六户	商品房	2018-01-06	1999-06-03
107001668181	275.0	新凯家园	松江 泗泾 外环外	2室2厅1厨1卫	低楼层 (共14层)	77.83㎡	板楼	南	钢混结构	精装	一梯四户	动迁安置房	2017-11-30	2010-11-15

图 9.1 处理缺失值后 DataFrame 数据格式

通过 to_datetime 方法，将字符串日期转换为 datetime 格式的日期，注意需要将转换后的结果重新赋值给“挂牌时间”和“上次交易”这两个字段。

```
df['挂牌时间'] = pd.to_datetime(df['挂牌时间'])
df['上次交易'] = pd.to_datetime(df['上次交易'])
```

通过字符串对象的 split 函数，对字符串进行分割，并建立新的字段。split 将字符串分割后，返回列表。注意分割生成新字段后，将原字段删除。在该操作中使用到了向量转换方法 map，该方法将 split 函数应用到指定列。

```
df['建筑面积'] = df['建筑面积'].map(lambda s:s.split('㎡')[0])
df['区'] = df['区域'].map(lambda s:s.split(' ')[0])  #取区
df['板块'] = df['区域'].map(lambda s:s.split(' ')[1])  #取板块
df['环线'] = df['区域'].map(lambda s:s.split(' ')[2])  #取环线
```

```
df['室']=df['房屋户型'].map(lambda s:int(s.split('室')[0]))   #取几室
df['厅']=df['房屋户型'].map(lambda s:int(s.split('厅')[0].split('室')[1])) #取几厅
df['厨']=df['房屋户型'].map(lambda s:int(s.split('厨')[0].split('厅')[1])) #取几厨
df['卫']=df['房屋户型'].map(lambda s:int(s.split('厨')[1].split('卫')[0])) #取几卫
df['楼层位置']=df['所在楼层'].map(lambda s:s.split('楼')[0]) #取楼层
df['楼层总数']=df['所在楼层'].map(lambda s:int(s.split('共')[1].split('层')[0]))   #取楼层数
df['电梯数']=df['梯户比例'].map(lambda s:s.split('梯')[0])   #取几梯
df['楼层户数']=df['梯户比例'].map(lambda s:s.split('梯')[1].split('户')[0]) #取几户
del df['区域']
del df['房屋户型']
del df['所在楼层']
del df['梯户比例']
```

梯户比例这个字段比较特殊，通过 split 方法分割后，“电梯数”和“楼层户数”为中文数字，还需将其转换为阿拉伯数字。

```
df['电梯数'].unique()
out:
array(['一','两','三','四','六','五'], dtype=object)
    df['楼层户数'].unique())
out:
array(['两','六','四','三','八','七','五','一','十二','十','
    十九','九','十一','十三','十七','十四','十八','二十','
    二十五','二十六','十五'], dtype=object)
```

通过 series 对象的 unique 方法，观察序列非重复元素的值，发现这两列中最大的中文数字为“二十六”。编写中文数字转换为阿拉伯数字的函数，并通过

map 方法将该函数映射到这两列的每个元素，示例代码如下：

```
def cta(s):
    con_table = {'零':0, '一':1, '二':2, '两':2, '三':3, '四':4, '
              五':5, '六':6, '七':7, '八':8, '九':9, '十':10}
    n = len(s)
    if n == 3:
        return con_table[s[0]] * 10 + con_table[s[2]]
    if n == 2:
        return con_table[s[0]] + con_table[s[1]]
    if n == 1:
        return con_table[s[0]]
df['电梯数'] = df['电梯数'].map(cta)
df['楼层户数'] = df['楼层户数'].map(cta)
```

9.1.4 数据重塑

在数据分析过程中，被解释变量不仅受定量变量的影响，同时定性变量的影响也不能忽视。例如二手房数据中像“建筑类型”“房屋朝向”“建筑结构”“装修情况”“交易权属”等字段的值并无大小之分，只是反映对象某种特征的有或无。我们称这类变量为虚拟变量(Dummy Variables)或哑变量，用以反映某个特征有无的人工变量，通常取值为 0 或 1。一般情况下，在将定性变量应用于分析模型之前，都要将其先转换为虚拟变量。

以“交易权属”字段为例，将该字段重塑为虚拟变量。首先通过 unique 方法查看该字段的非重复值：

```
    df['交易权属'].unique()
out:
array(['商品房', '动迁安置房', '售后公房']
```

通过 Pandas 的 get_dummies 方法将该字段转换为虚拟变量，返回的虚拟变量为 DataFrame 类型，并查看该虚拟变量的前五行值：

```
    pd.get_dummies(df['交易权属']).head()
out:
              动迁安置房   售后公房   商品房
房屋编号
107002321157      0.0        0.0       1.0
```

```
107000752483    0.0        0.0        1.0
107000488257    0.0        0.0        1.0
107000285319    0.0        0.0        1.0
107001668181    1.0        0.0        0.0
```

原“交易权属”列根据该列的非重复值，被分解为三列。以第一行数据为例，该房屋的“交易权属”为商品房，因此，该行数据只有“商品房”列的值为 1，其他两列的值为 0。

通过 join 方法将虚拟变量的 DataFrame 与原 DataFrame 在行索引上对齐连接，并删除 '交易权属' 列。

```
df = df.join(pd.get_dummies(df['交易权属']))
del df['交易权属']
```

通过 pivot_table 方法以数据透视表的形式，观察各行政区和环线的二手房均价，并输出前五行数据。

```
pd.pivot_table(df,values = ['总价'],index = '区',columns = '环线',
aggfunc = 'mean').head()
out:
总价
环线  中环至外环   内环内       内环至中环   外环外
区
嘉定  391.055556  NaN         NaN         328.642857
奉贤  NaN         287.833333  200.000000  248.205479
宝山  407.618785  629.333333  475.634146  368.196262
徐汇  472.291667  976.652174  567.182796  512.500000
普陀  504.821429  863.353846  538.304878  295.666667
```

9.2　职位数据处理

本节将对本书第 7 章爬取的职位招聘数据进行清洗和处理。在该实例中主要涉及的数据处理任务包括：

（1）爬取的原始数据的日期时间字段，大多为非标准的文本格式。因此，数据处理阶段的一项重要任务是将文本格式的日期转换为标准的日期时间格式。

（2）并不是所有定性描述数据对象特征的字段都适合做虚拟变量处理，一些定性字段的非重复值太多，如果将这些字段转换成虚拟变量，将会分解为太多的列。例如本实例的“salary”列，对这一类字段，需结合实际情况进行相应的处理。

（3）原始数据中某些字段包含说明、评论这样的文本描述信息，而这些文本描述信息是典型的非结构化数据。数据分析阶段难以对这类非结构化数据进行分析，因此，数据处理阶段需要对这类描述性的文本信息进行重塑，将其转换为结构化数据。

本节将对“职位招聘数据集”的前两个任务进行处理，考虑自然语言处理任务涉及的知识点较多，因此，该任务在下一节单独处理。

9.2.1 数据导入与观测

下载爬取的原始数据集文件“职位招聘.csv”，将该数据集导入 DataFrame 中，查看各字段属性与行数，其中 description 字段的行数少于其他属性，说明该字段存在空值。可进一步通过 df.isnull().sum()命令查看各字段缺失值的数量。

```
    import pandas as pd
    import numpy as np
    df = pd.read_excel('lagou.xls',index_col = 0)
    df.info()
out:
Data columns (total 12 columns):
positionName        4980 non-null object
city                4980 non-null object
createTime          4980 non-null object
companyFullName     4980 non-null object
education           4980 non-null object
industryField       4980 non-null object
companySize         4980 non-null object
firstType           4980 non-null object
secondType          4980 non-null object
salary              4980 non-null object
workYear            4980 non-null object
description         4962 non-null object
dtypes: object(12)
memory usage: 505.8 +  KB
```

9.2.2　缺失值处理

鉴于只有 description 字段存在缺失值，并且缺失值只有 18 条，因此删除 description 为空的行。

```
df = df.dropna()
```

注意 dropna()方法默认并不改变原 DataFrame 的值，只是返回删除缺失值后的 DataFrame。要替换原 DataFrame 可以将 inplace 参数设置为 True，或者直接将返回结果赋值给原 DataFrame。

9.2.3　数据转换

首先查看各列的数据格式，由于 description 字段数据较大，影响查看效果，首先排除该字段。

```
df.drop('description',axis = 1).head()
```

如图 9.2 所示，根据各列的格式具体做如下处理：

（1）industryField、firstType、secondType 这三列以分隔符为界，分别转换为列表类型。

（2）查看 education、companySize、salary、workYear 这四列的非重复值数，如果非重复值的数量较少，可以对相应列做虚拟变量处理，如果非重复值的数量较多，则需要进一步转换。

（3）将 createTime 字段从字符串类型转换为 datatime 类型。

	positionName	city	createTime	companyFullName	education	industryField	companySize	firstType	secondType	salary	workYear
positionId											
4268845	22989-大数据和人工智能高级开发工程师	深圳	2018-03-15 15:27:44	腾讯科技(深圳)有限公司	本科	移动互联网、游戏	2 000人以上	开发/测试/运维类	后端开发	25k~50k	3~5年
3519814	大数据--资深开发工程师	北京	2018-03-16 10:14:41	快看世界（北京）科技有限公司	本科	移动互联网、文化娱乐	150~500人	开发/测试/运维类	数据开发	30k~50k	3~5年
4190526	大数据/AI高级产品经理	北京	2018-03-17 20:51:57	北京车之家信息技术有限公司	本科	移动互联网、文化娱乐	2 000人以上	产品/需求/项目类	产品设计/需求分析	25k~35k	3~5年
3996747	大数据与机器学习研发专家	上海	2018-03-17 18:11:01	北京三快在线科技有限公司	本科	移动互联网、O2O	2 000人以上	开发/测试/运维类	数据开发	20k~40k	3~5年
4180225	数据与智能引擎总监	深圳	2018-03-16 10:36:35	深圳平安讯科技术有限公司	本科	移动互联网	150~500人	开发/测试/运维类	数据开发	30k~50k	5~10年

图 9.2　职位基本信息格式

第一步，使用 apply()结合匿名函数的方法，对各字段按分隔符分割并返回列表，注意分割后替换原字段的值。

```
df['industryField'] = df['industryField'].apply(lambda e: e.split(','))
df['firstType'] = df['firstType'].apply(lambda e: e.split('/'))
df['secondType'] = df['secondType'].apply(lambda e: e.split('/'))
```

第二步，查看字段的非重复值个数。

```
print(len(df['workYear'].unique()))
print(len(df['companySize'].unique()))
print(len(df['education'].unique()))
print(len(df['salary'].unique()))
out:
6,6,5,232
```

education、companySize、workYear 非重复值不多，可做虚拟变量处理。salary 字段非重复值多达 232 个，做分类哑变量显然不合适。对 salary 字段做进一步转换，将薪酬范围取最小值，并做数值化处理后赋值给原字段。

查看原始数据薪酬范围的单位有“k”和“K”两种，考虑到这一情况单纯使用字符串对象的 split 函数难以实现分割，因此引入正则表达式解决这一问题。

```
import re
df['salary'].apply(lambda e: int(re.split('[k,K]', e)[0]))
```

第三步，日期时间字段转换。

```
import re
df['createTime'] = pd.to_datetime(df['createTime'])
```

9.3 职位描述的文本信息处理

在前一节对职位基本信息处理的基础上，进一步处理“职位招聘”数据集的 description 字段数据。由于 description 字段为中文文本数据，主要涉及中文自然语言处理操作，因此将该部分实战操作单独列为一节。

9.3.1 中文分词词库 jieba 简介

英文语句的单词以空格分割，而中文语句是由连续的字组词，词语之间并没有分隔符号。因此,中文自然语言处理与英文自然语言处理最大的不同之处在于,中文自然语言的处理首先要进行中文分词。中文分词是指将连续的字序列按照一定的规范重新组合成词序列的过程。

在实际的自然语言处理项目中,中文分词的逻辑其实非常简单,就是参照一个词库模板,按照模板中各种词语的优先程度,将文本中连续出现的字组合成词语。jieba 词库是目前主流的中文分词词库,该词库提供了常用词组以及词组出现的频率和词性。Python 也提供了 jieba 词库接口,只要安装 jieba 包之后,便可使用 jieba 词库提供的分词模板以及内置的分词方法。

jieba 分词库的具体用法可参见 github 上 jieba 中文分词的相关网页,本节只对主要功能做简要介绍。jieba 分词包的主要功能包括如下几种。

1. 支持全模式、精确模式、搜索引擎模式三种分词模式

全模式、精确模式、搜索引擎模式三种分词模式如下:

```
    import jieba
    seg_list = jieba.cut("我来到北京清华大学", cut_all = True)
    print("全模式:" + "/ ".join(seg_list))
    seg_list = jieba.cut("我来到北京清华大学", cut_all = False)
    print("精确模式:" + "/ ".join(seg_list))
    seg_list = jieba.cut("他来到了网易杭研大厦")
    print("默认为精确模式:" + ", ".join(seg_list))
    seg_list = jieba.cut_for_search("小明硕士毕业于中国科学院计算所")
    print("搜索引擎模式:" + ", ".join(seg_list))
out:
全模式:我/ 来到/ 北京/ 清华/ 清华大学/ 华大/ 大学
精确模式:我/ 来到/ 北京/ 清华大学
默认为精确模式:他, 来到, 了, 网易, 杭研, 大厦
搜索引擎模式:小明, 硕士, 毕业, 于, 中国, 科学, 学院, 科学院, 中国科学
院, 计算, 计算所
```

2. 分词的同时可以返回分词的词性

jieba 词库指定了每个分词的词性,因此分词过程中支持返回相应分词的词性。利用这一功能,在做自然语言分析时可以对词性加以过滤。

```
    import jieba.posseg
    seg_list = jieba.posseg.cut("小明硕士毕业于中国科学院计算所")
```

```
    for word, flag in seg_list:
        print(str(word) + ''+ str(flag))
out:
小明 nr
硕士 n
毕业 n
于 p
中国科学院 nt
计算所 n
```

3. 支持关键词提取

从中文文本中提取与文本主题相关的关键词，是做文本聚类、分类、自动摘要等数据分析任务之前非常重要的数据处理工作。jieba 词库提供 TF-IDF 与 TextRank 两种算法从文本中提取关键词。

```
    import jieba.analyse
    #使用 TF-IDF 算法
    keywords = jieba. analyse. extract _ tags ( content, topK = 20,
withWeight = True, allowPOS = ())
    #使用 TextRank 算法
    keywords = jieba.analyse.textrank(content, topK = 20, withWeight =
True, allowPOS = ()
    for item in keywords:
        # 分别为关键词和相应的权重
        print( str(item[0]) + ''+ str(item[1]))
```

两种关键词提取函数均返回由元组构成的列表，每个元组包含两个元素，分别为关键词和对应的权重。

(1) content 参数指定待提取关键词的文本。

(2) topK 参数指定返回关键词的数量，重要性从高到低排序。

(3) withWeight 参数指定是否同时返回每个关键词的权重。

(4) allowPOS 为词性过滤参数，为空表示不过滤，若提供则仅返回符合词性要求的关键词。

9.3.2 职位描述文本分词

遍历 df['description']序列，对每个职位的描述文本进行分词。考虑分词数量较多,根据分词后的词性标签只保留名词(n)、动词(v)和英文(eng)。

(1) 定义分词词性过滤函数 filter_flag,根据每个分词的词性进行过滤。参数 seg 为通过 jieba.posseg.cut 方法分词后的对象,该函数将过滤后的分词添加到列表中返回。include 为需要保留的分词词性列表。

```
def filter_flag(seg):
    include = ['n','v','eng']
    wordf = []
    for i in seg:
        if i.flag in include:
        wordf.append(i.word)
    return wordf
```

(2) 遍历 df['description']序列,使用 jieba.posseg.cut 方法对每个职位描述文本分词,每个职位的分词以空格为分隔符添加到列表中。循环中调用 filter_flag 对分词按词性过滤。

```
import jieba.posseg
wordlist = []
for rec in df['description']:
    word = filter_flag(jieba.posseg.cut(rec))
    wordlist.append(' '.join(word))
wordlist[:5]
```

执行以上代码,显示分词后列表 wordlist 的前 5 个元素,如图 9.3 所示。

```
['职位 描述 岗位职责 负责 数据 AI 商业化 产品 交付 了解 客户 需求 保质 完成 计划 协助 解决方案 团队 完成 客户 化 方案 实施 协助 运维 团队 保障 交付 产品 岗位 要求 Linux C PHP Python Java 编程语言 技术开发 相关 经验 熟悉 质量 流程 有 云 计算 产品 SaaS 交付 经验 能 独立 完成 模块开发 交付 有 并发 大容量 后台 经验 熟悉 计算 大 数据 相关 技术 数据 机器 学习 图片 识别 语音 识别 相关 背景 经验 有 应用 开发 经验 例如 Container Kubernetes DevOps CD CI 具备 沟通 表 能力 团队 精神 有 责任心 执行 能力 计算机相关 专业',
 '职位 描述 职责 深入 理解 业务 需求 业务 建模 系统 架构 满足 业务 需求 维护 大 数据 集群 架构 业务 需求 规划 集群 架构 扩展 解决 遇到 技术难题 指导 同事 开发 任职 条件 计算机相关 专业本科 编程 基础 有 数据 开发 经验 Hadoop 生态 体系 架构 有 深入 理解 熟悉 Spark Hive 开源 工具 Flume 收集 体系 用户 行为 采集 海量 数据处理 数据 建模 业务 理解 方面 有 经验 擅长 挖掘 梳理 需求 具有 逻辑性 思维 能 协调 需求 能 学习 开源框架 知识 体系 应用 到 架构 体系 能 学习业务 领域 知识 具有 产品 思维 职业 素养 看 欢迎',
 '职位 描述 岗位职责 熟悉 汽车 大 数据 平台 AI 相关 技术 能力 产品 附能 业务 数据 部门 业务 方向 规划 产品 解决方案 团队 迭代 BU 业务部门 公司 沟通 以求 赢 任职 要求 熟悉 数据 平台 AI 产品 技术 原理 互联网 公司 数据 AI 相关 经验 擅长 沟通 意识',
 '职位 描述 岗位职责 负责 数据安全 平台 平台 数据处理 数据挖掘 岗位 要求 Java 语言 擅长 使用 开源 框架 比如 elk kafka storm spark 数据处理框架 掌握 实现 原理 擅长 使用 机器 学习 框架 TensorFlow 掌握 原理 熟悉 机器 学习 算法 神经网络 SVM 熟悉 回归 分析模型 规则 挖掘 分类 聚类 算法 协同 过滤 算法 数据 统计 模型 挖掘 算法 有 互联网 并发 相关 经验',
 '职位 描述 岗位职责 公司 业务 需要 全面规划 数据 部门 产品 技术 架构设计 数据量 用户 行为 数据 处理 清洗 挖掘 迭代 推荐 策略 负责 用户 激励策略 模型 迭代 跟踪 负责 征信 评分 模型 建立 结合 客户 属性 行为 数据 量化 识别 度量 产品 业务 存在 风险 建立 风险 信用 计量 模型 追踪 前沿技术 结合 业务 特点 探索 算法 技术 应用 实际 业务 负责 数据 部门 团队 提升 团队 专业性 能力 任职 要求 计算机相关 专业 院校 互联网 数据处理经验 数据 团队 leader 经验 数据挖掘 算法 具备 实际 项目 落地 经验 有 金融 行业 风 控 建模 反 策略 经验 有 反垃圾 账号 产品 经验 有 电商 平台精准 推荐 应用 落地 经验']
```

图 9.3　分词列表的前五个元素示例

(3) 将分词列表转换为词频矩阵。针对自然语言数据的分析工作主要包括对自然语言的相似性计算、聚类及语义分析等工作，相关分析模型的输入参数大多为词频矩阵。因此自然语言数据处理阶段的一项重要工作，是将分词后的列表转换为词频矩阵。

本项目所要建立的职位信息的词频矩阵，实质上是将 wordlist 列表中所有词语去重后作为词频矩阵的列标签，矩阵每一行对应一个职位，每行的元素为该职位描述信息中对应列标签词语出现的次数。这是一个看似非常庞大的工程，不过 Python 的 sklearn 库，提供了非常简便且高效的实现方法。

```
from sklearn.feature_extraction.text import CountVectorizer
vec = CountVectorizer()
word_array = vec.fit_transform(wordlist)
print('列:' + str(len(word_array.toarray()[0])) + '行:' + str(len
(word_array.toarray())))
out:
列:9152 行:4962
```

首先导入 sklearn 的 CountVectorizer 类，并实例化一个 CountVectorizer 类的对象 vec。通过 vec 对象的 fit_transform 方法将分词后的列表转换为词频矩阵。word_array 为根据 wordlist 分词列表转换后的 array 类型的词频矩阵，该矩阵有 9 152 列、4 962 行，说明词频矩阵包含 4 962 个职位描述，所有职位描述中共包含 9 152 个不重复的分词。

为便于观察，只生成前三个职位的词频矩阵，并通过 vec.get_feature_names() 返回词频矩阵列标签。

```
vec = CountVectorizer()
word_array = vec.fit_transform(wordlist[:3])
print('列:' + str(len(word_array.toarray()[0])) + '行:' + str(len
(word_array.toarray())))
print(vec.get_feature_names())
print(word_array.toarray())
```

执行以上代码，输出的词频矩阵如图 9.4 所示。

```
['ai', 'bu', 'cd', 'ci', 'container', 'devops', 'flume', 'hadoop', 'hive', 'java', 'kubernetes', 'linux', 'php', 'python', 'saas', 'spark',
'专业', '专业本科', '业务', '业务部门', '了解', '互联网', '交付', '产品', '以求', '任职', '体系', '例如', '保质', '保障', '公司', '具备',
'具有', '协助', '协调', '原理', '同事', '后台', '商业化', '团队', '图片', '基础', '大容量', '学习', '学习业务', '完成', '实施', '客户', '岗
位', '岗位职责', '工具', '平台', '并发', '应用', '建模', '开发', '开源', '思维', '意识', '执行', '扩展', '技术', '技术开发', '技术难题', '指
导', '挖掘', '描述', '擅长', '收集', '数据', '数据处理', '方向', '方案', '方面', '机器', '条件', '架构', '框架', '梳理', '模块', '欢迎', '汽
车', '沟通', '流程', '海量', '深入', '满足', '熟悉', '独立', '理解', '生态', '用户', '相关', '知识', '精神', '系统', '素养', '经验', '维护',
'编程', '编程语言', '职业', '职位', '职责', '背景', '能力', '行为', '要求', '规划', '解决', '解决方案', '计划', '计算', '计算机相关', '识
别', '语音', '负责', '责任心', '质量', '运维', '迭代', '逻辑性', '遇到', '部门', '采集', '附能', '集群', '需求', '领域']
[[1 0 1 1 1 1 0 0 0 1 1 1 1 1 1 0 1 0 0 0 1 0 4 3 0 0 0 1 1 1 0 1 0 2 0 0 0
  1 1 3 1 0 1 1 0 3 1 2 1 1 0 0 1 1 0 2 0 0 0 1 0 1 1 0 0 0 1 0 0 3 0 0 1 0
  1 0 0 0 0 1 0 0 1 1 0 0 0 2 1 0 0 0 3 0 1 0 0 5 0 0 1 0 1 0 1 2 0 1 0 0 1
  1 2 1 2 1 1 1 1 1 0 0 0 0 0 0 0 1 0]
 [0 0 0 0 0 0 1 1 1 0 0 0 0 0 0 1 0 1 5 0 0 0 0 1 0 1 4 0 0 0 0 0 2 0 1 0 1
  0 0 0 0 1 0 1 1 0 0 0 0 0 1 0 0 1 2 2 2 2 0 0 1 0 0 1 1 1 1 1 1 3 1 0 0 1
  0 1 5 1 1 0 1 0 0 0 1 2 1 1 0 3 1 1 0 2 0 1 1 2 1 1 0 1 1 1 0 0 1 0 1 1 0
  0 0 1 0 0 0 0 0 0 0 1 1 0 1 0 2 5 1]
 [3 1 0 0 0 0 0 0 0 0 0 0 0 0 0 0 0 0 2 1 0 1 0 3 1 1 0 0 0 0 2 0 0 0 0 1 0
  0 0 1 0 0 0 0 0 0 0 0 0 1 0 2 0 0 0 0 0 0 1 0 0 2 0 0 0 0 1 1 0 4 0 1 0 0
  0 0 0 0 0 0 0 1 2 0 0 0 0 2 0 0 0 0 2 0 0 0 0 1 0 0 0 0 1 0 0 1 0 1 1 0 1
  0 0 0 0 0 0 0 0 0 1 0 0 1 0 1 0 0 0]]
```

图 9.4　前三个职位描述词频矩阵

习题

1. 下载数据集文件“pandas_泰坦尼克幸存者.csv”，将该数据集导入 DataFrame 变量 tit 中，并完成如下任务：

（1）处理“年龄”和“入驻船舱号”这两个字段的缺失值；

（2）根据“姓名”字段中的称呼，计算乘客的性别，并在 tit 中添加“性别”列；

（3）对“登陆港口”和“票等级”字段做虚拟变量处理；

（4）“同乘亲人”列反映了该人员同乘的亲人数量，“sibsp”表示兄妹与配偶数，“parch”表示父母与子女数。将该列分解为两列，分别为“sibsp”与“parch”。

2. 下载数据集文件“pandas_news.csv”，将该数据集导入 DataFrame 变量 news 中，并完成如下任务：

（1）处理 news 中的缺失值；

（2）对“内容”字段进行分词处理，筛选出其中的名词、动词、英文单词，建立词频矩阵。

3. 下载数据集文件“pandas_P2Plending.xls”，将该数据集导入 DataFrame 变量 lending 中，并完成如下任务：

（1）将字符串字段“列表时间”转换成标准的日期类型；

（2）将字符串字段“借款额”转换成数值类型；

（3）将“列表状态”与“信用等级”这两个字段转换成虚拟变量；

（4）分组统计每天的借款项目数与借款总额。

第 10 章

SQLite 数据库操作

数据存储是数据获取与处理过程中必不可少的重要环节，在前面章节数据爬取和数据处理的学习中，我们采用文件形式（.txt，.csv，.xls）存储数据。但受文件大小的限制，对于较大数据量的存储需求，普通文件难以满足。

本章将以 SQLite 这一轻量级的关系型数据库工具为例，介绍在数据存储阶段 Python 对数据库的操作。本章将重点讲解以下几个问题：

■什么是 SQLite？其相比于其他数据库工具，它有何特点？

■Python 操作数据库的标准步骤。

■如何通过 Pandas 操作 SQLite 数据库？

10.1 SQLite 数据库简介

SQLite 是一款轻型的遵守 ACID 的关系型数据库管理系统。与 SqlSever、Oracle、MySql 等数据库不同，SQLite 不需要连接服务器，不需要任何配置。对于数据库用户而言，一个 SQLite 数据库只是一个以 sqlite 为后缀名的文件。

作为一款嵌入式的 SQL 数据库引擎，SQLite 与大部分的 SQL 数据库不同的是，SQLite 并不占用独立的服务器进程，而是像读写文件一样，向 SQLite 数据库读写数据。一个关系型数据库管理系统所拥有的表、索引、触发器、视图，SQLite 都有，只不过在 SQLite 中它们都被保存在一个单独的磁盘文件中。与传统的关系型数据库管理系统相比，SQLite 具有如下特点：

（1）不需要一个单独的服务器进程，在使用 SQLite 时，不需要像 SqlSever 和 MySql 一样启动服务器。

（2）SQLite 不需要任何的安装和配置，一个完整的 SQLite 数据库存储在一个单一的、跨平台的磁盘文件中。

（3）SQLite 完全兼容关系型数据库的 ACID 规则，即数据的原子性

(Atomicity)、一致性(Consistency)、隔离性(Isolation)和持久性(Durability)。

(4) SQLite 是轻量级的,完全配置时小于 400KB,省略可选功能配置时小于 250KB。

(5) SQLite 支持标准的 SQL 查询语言。

(6) SQLite 作为一款开源的数据库管理系统,对所有应用均免费。

(7) SQLite 是一款跨平台的数据库管理系统,可在 UNIX(Linux, Mac OS-X, Android, iOS)和 Windows 中运行。

鉴于 SQLite 的以上特性,Python 专门提供了 sqlite3 包,支持与 SQLite 的交互,同时越来越多的 Python 数据分析人员将 SQlite 作为中小型数据分析项目的数据管理工具。

10.2 Python 读写 SQLite

sqlite3 模块的主要方法如表 10.1 所示,这些对象和方法基本可以满足在 Python 中操作 SQLite 数据库的所有需求。更详细的信息可以查看 Python sqlite3 模块的官方文档(https://docs.python.org/3/library/sqlite3.html)。

表 10.1 sqlite3 模块的主要方法

方法名	功能说明
sqlite3.connect(filename)	打开一个到 SQLite 数据库文件的链接,并返回一个连接对象。如果给定的数据库名称不存在,则该调用将创建一个数据库
connection.cursor()	创建一个 cursor 游标对象
cursor.execute(sql)	执行一个 SQL 语句
connection.commit()	提交当前事务。如果执行了修改数据库的 SQL 语句,需提交当前事务;否则,自上一次调用 commit()以来所做的任何更改操作,对其他数据库连接来说是不可见的
connection.rollback()	回滚自上一次调用 commit()以来对数据库所做的更改操作
connection.close()	关闭数据库连接
cursor.close()	关闭游标
cursor.fetchone()	获取查询结果数据集中的下一行,返回一个元组,如果没有可用的行时,则返回 None

（续表）

方法名	功能说明
cursor.fetchall()	获取查询结果集中所有（剩余）的行，返回一个列表；当没有可用的行时，则返回一个空的列表
cursor.fetchmany(size)	获取查询结果数据集下一行开始的多行数据，返回的数据行数可通过函数的参数指定，返回一个列表，当没有可用的行时，则返回一个空的列表

Python 所有的数据库模块基本遵循统一的接口标准，因此针对各种数据库管理系统，Python 基本都采用相同的调用模式，其操作步骤主要包括：

（1）使用 connect 方法，创建数据库的连接对象 conn。

（2）conn.cursor 创建游标对象 cur，并通过游标对象的 cur.execute 方法执行 SQL 语句，从而执行向数据库的增加、删除、更新、查询操作。当执行了对数据库更改的 SQL 语句，需执行 conn.commit()提交事务。

（3）通过游标对象 cur.fetchall/cur.fetchone/cur.fetmany 方法返回查询的结果数据集。

（4）关闭 cur 游标与 conn 连接对象。

连接 SQLite 数据库，在数据库中建立一张表 Employee，并向表中插入四条数据的示例代码如下：

```
    import sqlite3 as lite
    conn = lite.connect("d:/test.sqlite")
    cur = conn.cursor()
    cur.execute("DROP TABLE IF EXISTS Employee")
    cur.execute("CREATE TABLE Employee(ID CHAR(5) PRIMARY KEY NOT NULL,
NAME TEXT,AGE INT,GENDER BIT,SALARY REAL)")
    cur.execute("INSERT INTO Employee VALUES ('00123','ALEX',28,1,
16000)")
    cur.execute("INSERT INTO Employee VALUES ('00124','ED',33,1,8000)")
    cur.execute("INSERT INTO Employee VALUES ('00011','JENNY',45,0,
16000)")
    cur.execute("INSERT INTO Employee VALUES ('00019','ANNA',35,0,
11000)")
```

```
    conn.commit()
    cur.close()
    conn.close()
```

如果向数据库中重复建立同名的数据表，系统将会报错，因此 cur.execute("DROP TABLE IF EXISTS Employee")，将在建立 Employee 表前先检查数据库中是否存在同名的表，如果存在先删除该表。

读取 Employee 中所有记录，并返回数据集中的第一行数据。

```
    conn = lite.connect("d:/test.sqlite")
    cur = conn.cursor()
    cur.execute("SELECT * FROM Employee")
    data = cur.fetchone()
    data
out:
('00123', 'ALEX', 28, 1, 16000.0)
```

当执行 cur.fetchone 后返回数据集的第一行数据，此时游标已移动到数据集的第二行，再执行 cur.fetchall 语句，将返回余下的所有行数据。

```
    data = cur.fetchall()
    conn.close()
    data
out:
[('00124', 'ED', 33, 1, 8000.0),
('00011', 'JENNY', 45, 0, 16000.0),
('00019', 'ANNA', 35, 0, 11000.0)]
```

需要注意的是，cur.fetchone()只返回一行数据，其返回结果为元组，元组中的各元素分别对应该行数据的各属性。fetchall()返回列表，列表中的元素为代表各行数据的元组。

10.3　Pandas 读写 SQLite

上一节主要讲解了 Python 可以向 SQLite 中逐行写入数据，也可以从

SQLite中以数据集的形式返回查询结果,并通过fetchone或fetchall方法,以列表或元组的数据结构返回数据集。对于数据分析人员而言,这样的操作看上去并不是非常方便。是否可以直接将Pandas中的DataFrame写入SQLite,或者将SQLite中的查询结果直接装入DataFrame中呢?答案当然是肯定的。这正是数据分析人员使用SQLite的重要原因。

10.3.1 将DataFrame数据写入数据库

使用DataFrame.to_sql方法,能够将DataFrame数据直接写入数据库的表中,其具体参数格式如下:

```
DataFrame.to_sql(name,con,if_exists='fail',index=True)
```

(1) 参数name:指定要写入的数据库表名称。

(2) 参数con:指定连接的数据库对象。

(3) 参数if_exists:有三个选项,fail表示如果表已存在,则不做任何操作;replace表示替换已存在的表;append表示向已存在的表中插入数据。

(4) 参数index:布尔型,指定是否将DataFrame的索引插入表中。

将DataFrame数据写入test数据库的pd_Employee表中,其示例代码如下:

```
import pandas as pd
employee = [{'ID':'00123','NAME':'ALEX','AGE':28,'GENDER':1,'SALARY':
16000},{'ID':'00124','NAME':'ED','AGE':33,'GENDER':1,'SALARY':8000},
{'ID':'00011','NAME':'JENNY','AGE':45,'GENDER':0,'SALARY':16000},{'ID':
'00019','NAME':'ANNA','AGE':35,'GENDER':0,'SALARY':11000}]
df = pd.DataFrame(employee)
conn = lite.connect("d:/test.sqlite")
df.to_sql(name='pd_Employee',con=conn,if_exists='replace',index
=False)
conn.close()
```

10.3.2 将数据库数据读出到DataFrame

另外,Pandas提供了DataFrame.read_sql方法,能够方便地将数据库的sql查询结果读出到DataFrame中,其具体参数格式如下:

```
DataFrame.read_sql(sql,con, index_col=None)
```

（1）参数 sql：字符串，执行需要执行的 SQL 查询语句。

（2）参数 con：指定连接的数据库对象。

（3）参数 index_col：字符串或保护多个字符串的列表，指定返回结果的索引列。

将 pd_Employee 表中的数据全部读入 DataFrame 的示例代码如下：

```
conn = lite.connect("d:/test.sqlite")
df = pd.read_sql("SELECT * FROM pd_Employee",con = conn)
conn.close()
```

10.3.3　数据库查询

在本书第 8 章，我们讲解了在 DataFrame 中对数据进行条件筛选、分组聚合与连接操作。Pandas 的 read_sql 方法，给我们提供了替代这些操作的另一种解决方案。特别是对 SQL 查询语句熟悉的同学，可以通过 SQL 查询语言在 SQLite 中完成数据的条件筛选、分组聚合和多个表之间的连接操作，再将查询结果读入 DataFrame 中。

以下是针对 pd_Employee 数据表的查询操作，通过 pandas.read_sql 方法，将查询结果返回到 DataFrame 中。

```
conn = lite.connect("d:/test.sqlite")
#对 SALARY 字段降序
df = pd.read_sql("SELECT * FROM pd_Employee ORDER BY SALARY DESC",
con = conn)
#对 SALARY 字段升序
df1 = pd.read_sql("SELECT * FROM pd_Employee ORDER BY SALARY",con =
conn)
#筛选性别为 1 的数据
df2 = pd.read_sql("SELECT * FROM pd_Employee WHERE GENDER = 1",con
= conn)
#按 GENDER 分组，并对 SALARY 求平均
df3 = pd.read_sql("SELECT GENDER,AVG(SALARY) AS AVG_SALARY FROM pd_
Employee GROUP BY GENDER",con = conn)
```

至此，爬取的原始数据或经过处理后的结构化数据有多种存储方案：

（1）将爬取的原始数据直接存储到文件中（.txt，.csv，.xls），存取速度较快且

方便，但受单个文件大小的限制，适合于数据量较少的情况。

(2) 将爬取的原始数据直接存储到数据库中(MySql，MongoDB，SQLite)，存取速度较慢，适合数据量较大的情况。

(3) 在数据爬取阶段，将爬取的原始数据直接存储到多个文件中，这样既解决了单个文件的大小限制，又提升了存取效率。等到数据处理阶段，再将多个文件的数据分批处理后存入数据库，以备后续数据分析阶段使用。

习题

1. 试述在 Python 的数据分析中使用 SQLite 作为数据库管理系统的优点。

2. 试述 Python 数据库标准接口调用数据库的基本步骤。

3. 解释关系型数据库 ACID 规则的具体含义。

4. 试述 sqlite3 模块中游标对象返回查询结果数据集的三种方法，即 fetchall、fetchone 和 fetchmany 的区别。

5. 借助 sqlilte3 库函数，在本地建立“new.sqlite”数据库文件，并插入 student 表。student 表结构及数据如下表所示：

sno	name	gender	age	dept
18401	周平	男	20	CS
18402	李苹	女	19	IS
18403	郭爽	女	21	MA
18404	胡军	男	19	IS

6. 将本书第 6 章爬取的拉勾网职位数据文件“lagou.xls”，导入本地“job.sqlite”数据库的 lagou 数据表中。并通过 Pandas 的 read_sql 函数，对该数据表执行以下查询操作：

(1) 查询公司地处“上海”的所有职位信息；

(2) 分组统计不同学历要求的职位数量；

(3) 分组统计不同城市招聘岗位的平均最低工资(如某职位的 salary 为 25k～40k，则该职位的最低薪水为 25 000 元)。

第 11 章

机器学习概述

本书第 3～10 章讲解了通过爬虫程序获取在线大数据，并将爬取的原始数据进行必要的数据处理后导入数据库的整个过程所涉及的技术与方法。其中涉及了数据科学的数据获取、数据处理和数据存储三个阶段。从本章开始，将讲解如何通过机器学习的方法分析数据。

本章将重点讲解以下几个问题：

■什么是机器学习？

■机器学习当前的主要应用？

■监督式学习与非监督式学习。

■使用 Scikit-learn 进行机器学习的步骤。

11.1 认识机器学习

机器学习(Machine Learning)，字面理解这是一门让计算机“学习”的技术，但这与我们印象中的计算机处理任务的方式大相径庭。计算机怎么能像人一样学习呢？

首先我们回顾一下计算机处理任务的传统方式。程序设计人员首先需要考虑所要解决的问题可能出现的所有情况，然后根据所有情况给出具体的解决方案，并把这些问题与解决方案的组合翻译成指令输入计算机。当遇到某种情况时，计算机根据程序指令查找相应的解决方案并进行处理。这样的方式看似逻辑清楚、简单易行，但当面对现实世界纷繁复杂、千奇百怪的实际问题时，这种传统的计算机处理任务的方式却难以应付。例如目前流行的人脸识别、语音识别任务，程序设计人员首先不可能描述处理这些任务所要面临的所有情况，再要给出具体的处理方案就更无从谈起。

接下来我们思考一下人类是如何处理类似任务的。就拿一个简单的任务举例，人类是如何通过外表识别其他人的性别的？相信这是一个3岁小朋友就能处理的任务，那小朋友是如何做的呢？你的第一反应可能是：看多了就知道了。确实如此。人类在生活和成长过程中积累了大量的“观察经验”，并会对这些观察经验进行“归纳总结”，获得“规律”；当再次遇到相关问题时，人类会利用这些规律对未知的问题进行“推测”，从而解决问题，这正是机器学习的核心思想。实质上机器学习的思想并不复杂，仅仅是对人类学习活动的一个模拟。

再通过一个例子来看一下人类是如何“归纳总结”他们的“观察经验”，并得到“规律”从而进行“推测”的。如果小A同学有一个朋友小B，小A和小B约好了在某个时间、某个地点见面，并一起参加某个活动。但是通过多年的交往，小A认为小B并不是一个守时的人，因此，小A在临走之前，考虑是否自己也晚出发，以免等小B太长时间。对于这样一个问题，来看看小A是如何做决定的，他把以往和小B相约见面的经历在心里过了一遍，看看所有相约的次数中，迟到次数占了多大的比例，从而预测小B这次迟到的可能性。如果这个值超出了小A心里的某个界限，那他选择晚一会儿再出发。假设他们最近见面10次，小B迟到的次数是4次，那么小B迟到的比例是40%，而小A心中能忍受的比例是30%。因此，小A认为小B这次见面迟到的概率很大，因此决定推迟自己的出发时间，这实质上正是机器学习的思想。

机器学习借鉴了人类“归纳总结”他们的“观察经验”，并得到“规律”从而进行“推测”的学习理念。它借助特有的“算法”，从输入的“数据”中，归纳出能够解决实际问题的“模型”，当有新的数据输入时，则从数据输入“模型”得到预测结果。

因此，广义上可以认为机器学习是一种能够赋予机器学习能力，以此让它完成传统的计算机程序无法完成的功能的方法。具体来说，机器学习是一种利用数据训练出模型，然后使用模型预测的一种方法。

台湾大学林轩田老师给机器学习做了一个很容易理解的数学定义，如图11.1所示。

机器学习指的是通过学习算法 A，对已知训练数据集 D 进行归纳总结，从假设集 H 中找到一个与未知函数 f 接近的函数 g。

（1）目标函数 f：假设任何现实问题都存在这样一个未知的目标函数 f，当输入从问题中抽象出的自变量 x 都能返回正确的因变量 y，但这个函数是未知的，是机器学习追求的目标。很多西方学者把函数 f 形象地称为“上帝函数”。

（2）训练集 D：训练集相当于人类的“观察经验”，为一组已知数据，机器学习将利用该数据进行模型训练；

（3）学习算法 A：相当于人类“归纳总结”的方法，这是计算机从数据中学习

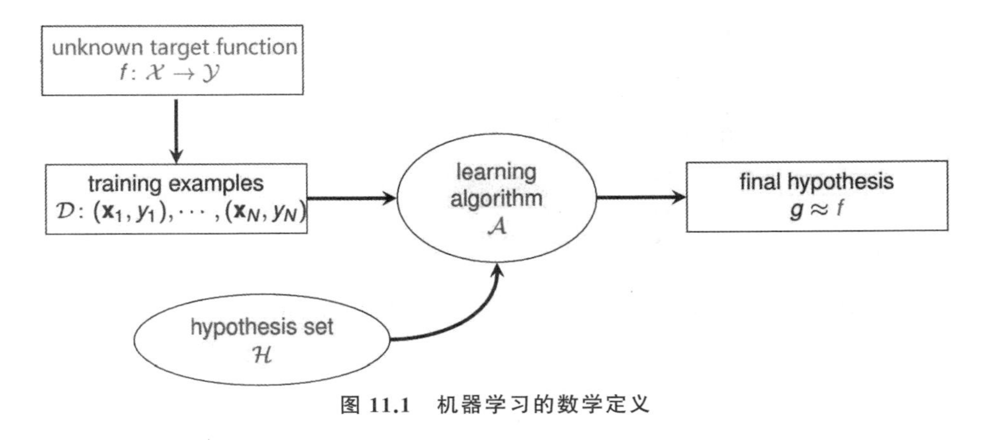

图 11.1 机器学习的数学定义

规律的方法，在后续章节我们会重点讲解部分相关的学习算法。

(4) 假设集 H：这是一个输出函数的备选集合，将从这个集合中找出与函数 f 最接近的函数 g。

(5) 输出函数 g：机器学习最终输出的与目标函数 f 近似的函数。

11.2 机器学习的应用范围

在过去的 20 年中，数据存储与计算机处理能力的快速发展，以及人类社会在各个领域积累的海量数据，推动了数据分析算法理论与技术的长足进步，机器学习这一交叉学科领域正是顺应这一潮流的产物，在学术界与产业界取得了巨大的发展。

2014 年，谷歌第一次展示了没有方向盘、油门或刹车踏板的无人驾驶汽车的原型，实现了完全的自动驾驶汽车。2015 年 12 月，谷歌开发的人工智能聊天机器人，能够有效地分析用户的语义信息，并与人类进行互动沟通。2016 年 3 月，AlphaGo 战胜李世石九段，这是在人类统治的游戏中，又一项非凡的成就。2016 年 11 月，DeepMind 提出的最新增强学习算法，在 Atari 游戏上取得了超出人类水平 8.8 倍的成绩，并且在第一视角的 3D 迷宫环境 Labyrinth 上也达到了 87%的人类水平。2017 年 3 月，OpenAI 创建了一个智能体，它发明自己的语言来彼此合作，更有效地实现它们的目标。在之后不久，Facebook 成功训练了智能体来谈判甚至说谎。2017 年 8 月，OpenAI 所训练的一款人工智能算法在著名的电子竞技游戏 DOTA2 国际邀请赛中，压倒性地击败了顶级电子竞技选手 Dendi。

这一系列在计算视觉、语音和手写识别、自然语言处理、人工智能等计算机应用领域，看似不可能完成的成就背后，机器学习当之无愧地成为创造这些奇迹的技术推动力之一。机器学习已广泛应用于数据挖掘、自然语言处理、生物特征识别、计算机视觉、搜索引擎、医学诊断、金融市场、检测信用卡欺诈、DNA 序列测序、智能机器人等领域。

在应用范围层面，机器学习跟数据挖掘、统计学习、人工智能、深度学习等学科方向具有很多类似之处，同时，机器学习与其他领域技术的结合，形成了计算机视觉、语音识别、自然语言处理等交叉应用方向。本节将对机器学习与其他相关领域的应用范围做一个简要的界定与区分，这有助于我们理清机器学习的应用场景与研究范围。

11.2.1　数据挖掘

数据挖掘（Data Mining）指的是，从海量数据库中通过算法高效率地挖掘出隐藏于其中的信息的过程。数据挖掘通常与计算机科学有关，并通过统计、在线分析处理、情报检索、机器学习、专家系统和模式识别等诸多方法来实现上述目标。

可以发现数据挖掘的概念与机器学习非常近似。与机器学习相比，数据挖掘技术更加强调对海量数据库的高效率的处理与分析。机器学习则强调从假设集 H 中找到一个接近真实情况的函数映射 g。在绝大部分情况下，数据挖掘的目标也是要找到这个函数 g。因此，我们可以认为：数据挖掘≈机器学习＋数据库。

11.2.2　人工智能

人工智能（Artificial Intelligence），英文缩写为 AI。它是研究、开发用于模拟人类智能行为方法的学科。通俗地讲，一切能够实现人类智能行为的方法都可以归为人工智能范畴。而机器学习只是可以应用于模拟人类智能行为的一种方法。因此，我们可以认为机器学习是人工智能的一个子领域：机器学习∈人工智能。

11.2.3　深度学习

2016 年 3 月，AlphaGo 与围棋世界冠军、职业九段棋手李世石进行围棋人机大战，AlphaGo 以 4∶1 的总比分获胜后，深度学习便为人们所熟知。深度学习（Deep Learning）是机器学习研究中的一个新领域，其目标在于建立、模拟人脑进行分析学习的神经网络，它模仿人脑的机制来解释数据，例如图像、声音和文本。实质上深度学习是一种特殊的机器学习思想，它的灵感来源于人类大脑的工作方式，相比于会把问题分解成多个部分并逐个解决的标准机器学习算法而言，深度学习会以端到端的方式来解决问题。另外，提供深度学习算法的数据、特征和时间越多，解决任务的效果越好。深度学习是基于神经网络的学习理念,与传统的机器学习方法具有较大的不同;另外,深度学习基于海量数据和长时间的学习积累,需要超高性能的计算设备。与传统的机器学习概念相比,深度学习更加聚焦于神经网络方法,应用领域集中于图像、声音、文本数据的识别和分析,更加依托于 GPU 的计算能力。因此,人们认为深度学习是一种特殊的机器学习:深度学习∈机器学习。

11.2.4　统计学习

统计学习(Statistical Learning),源于统计学,是一种基于统计学理论,采用统计推断的方法从有限的样本数据中找出接近于"上帝函数"f 的函数 g。与机器学习相比,统计学习的方法更重视严密的数学推导及函数 g 中自变量与因变量之间关系的可解释性。机器学习源于计算机科学,更关注的是能够找到一个能解决实际问题的函数 g,以及其解决问题的性能如何。虽然有这些不同,但机器学习中大量算法的实现来自统计学习领域。因此,可以认为统计学习是机器学习的一种实现方式:统计学习∈机器学习。

11.3　机器学习的算法

根据前面对机器学习的数学定义,我们知道机器学习的核心,是通过学习算法从数据和假设集中找出满意的模型。本节将就机器学习的代表算法做一个简要的介绍。

首先,需要明确机器学习中几个重要的概念:

(1) 数据集(Data Set):数据的集合,每一条数据称为样本(Sample)。

(2) 特征(Feature):指的是"样本"的特征,在数据库中又称为"属性"(Attribue)。

(3) 训练集(Training Set):数据集中用来训练模型的数据集合。

(4) 测试集(Test Set):数据集中用来测试、评估模型泛化能力的数据集合。

机器学习的任务分为两类,不同的学习算法用于解决不同的学习任务。第一类学习任务我们称为"监督式学习",第二类学习任务称为"非监督式学习"。

11.3.1　监督式学习

在监督式学习下,输入的数据被称为"训练数据"。每组训练数据有一个明确的标识或结果,例如邮件分类问题中,"训练数据"明确地告知哪些是垃圾邮件,哪些是正常邮件。监督式学习将建立一个学习过程,把预测结果与"训练数据"的实际结果进行比较,不断地调整预测模型,直到模型的预测结果达到预期要求。

监督式学习又可以分为:分类问题与回归问题。

分类(Classification):观察数据属于两个或多个类型,希望从具有分类标签的“训练数据”中学习得到模型,用于预测不具有标签的观察数据属于哪一类型。例如手写数字的识别问题,在这类问题中,我们已知一批“训练数据”,对于这批手写数字的观察样本,我们知道其具体代表的数字标签。通过具有标签的“训练数据”训练得到的模型,预测新的手写观察值代表的数字。另外,还可以将分类问题理解为监督学习的离散问题,其中预测目标为非连续的类型标签。常用的分类机器学习算法包括:K 近邻算法(KNN)、决策树算法(Decision Tree)、逻辑回归算法(Logistic Regression)、支持向量机算法(SVM)等。

回归(Regression):与分类问题对应,如果预测的输出为连续变量,则将这一类监督式学习问题归类为回归问题。例如根据三文鱼的外形特征(长度、重量等),预测三文鱼的年龄。由于预测的输出结果(年龄)为一个连续的数值变量,而不是离散的类型标签,因此这类机器学习问题为回归问题。常用的机器学习回归算法包括:线性回归(Linear Regression)和非线性回归(Nonlinear Regression)。

11.3.2 非监督式学习

非监督学习(Unsupervised Learning)的“训练数据”是一组具有特征属性但不具有目标标签的观察值。需要在未加标签的数据中,试图找到隐藏的结构。

非监督式学习又包括:聚类、分布估计和降维。

聚类(Clustering):基于观察数据的特征及内部结构,将研究对象分为相对同质的群组。与分类问题最重要的区别是,聚类是一种非监督学习,观察数据并没有类型标签,因此难以检验聚类结果的正确性。例如电商用户的分群,电商平台通常会根据用户的在线数据特征将用户分群,针对不同的分群用户实施不同的营销策略。常用的聚类算法包括:层次聚类、K 均值聚类等。

降维(Dimensional Reduction):维度指的是观察数据的特征,如果输入训练数据的维数过于庞大的话,对于机器学习来说学习过程将非常复杂,这一问题一般称为维数灾难。为了将机器学习算法从维数灾难中解放出来,一般采用的有效方法是用某种映射函数,将原高维空间中的数据点映射到低维度的空间中,从而降低观察数据的维度。常用的降维算法是主成分分析算法(PCA)。

对于分布估计本书不做过多分析。

11.4 Scikit-learn 机器学习包

Scikit-learn 是一个专门用于机器学习和数据挖掘、简单高效的 Python 包,是目前对中小型规模数据集进行机器学习的常用工具。它提供了分类、回归、聚类、降维、模型评估与选择、特征工程等机器学习任务的完整解决方案。该工具包构建于 Python 的 Numpy、SciPy 和 matplotlib 包的基础上，因此在安装 Scikit-learn 之前需首先安装这些基础包。对于 Scikit-learn 的详细介绍与帮助文档，可参看官网：http://scikit-learn.org。

一般情况下，一个机器学习任务的处理流程包括四个步骤：

（1）样本数据的输入，这些样本数据应该是经过预处理的结构化数据。

（2）模型训练，根据训练数据结合机器学习算法训练模型。

（3）预测，将测试数据输入模型进行预测。

（4）模型评估与选择，根据测试数据的预测结果进行模型评估，找出符合性能要求的模型。

Scikit-learn 对于机器学习问题，提供了标准化的处理流程，接下来通过 Scikit-learn 内置数据集 iris，训练一个 KNN（最近邻）模型，简要了解 Scikit-learn 处理机器学习的步骤与常用方法。

11.4.1　导入数据

Scikit-learn 提供了大量用于学习与测试的标准数据集。本书中一些机器学习的实例将使用这些标准数据集。本节使用其内置的 iris 数据集（鸢尾花卉数据集）。iris 数据集，由科学家 Fisher 收集整理，是一个典型的分类问题的数据集。该数据集包含 150 个观察值，分为 3 类（Setosa，Versicolour，Virginica），每类有 50 个数据，每个观察值包含 4 个特征。

iris 数据集是用来给花做分类的数据集，每个样本包含了花萼长度、花萼宽度、花瓣长度、花瓣宽度 4 个特征（前 4 列）。本实例将通过 KNN 算法建立一个分类器模型，分类器模型可以通过样本的四个特征来判断样本是属于山鸢尾（Setosa）、变色鸢尾（Versicolour）还是弗吉尼亚鸢尾（Virginica）。

```
# 从 sklearn.datasets 库中导入 load_iris 函数
from sklearn.datasets import load_iris
# 调用 load_iris()函数，生成 iris 数据集对象
iris = load_iris()
# 将前 4 列的特征数据存入 x 变量
x = iris.data
# 将最后一列的分类目标数据存入变量 y
y = iris.target
```

datasets.load_〈dataset_name〉可以加载 sklearn 自带的数据集。这些数据集文件存放在 sklearn 安装目录下的 datasets\data 文件中。

load_iris 将返回 Bunch 的数据结构，Bunch 是加载 sklearn 内置数据集后返回的数据结构，该结构包含 2 个属性，分别是 data 和 target。data 属性以 array 的形式存放特征数据，本实例中 data 属性存放了花萼长度、花萼宽度、花瓣长度、花瓣宽度 4 个特征；target 属性存放了目标分类的标签数据。

可进一步查看 iris 数据集的具体情况：

```
    x[:5]    #查看x的前5行数据
out:
array([[ 5.1,  3.5,  1.4,  0.2],
       [ 4.9,  3. ,  1.4,  0.2],
       [ 4.7,  3.2,  1.3,  0.2],
       [ 4.6,  3.1,  1.5,  0.2],
       [ 5. ,  3.6,  1.4,  0.2]])
    y        #查看y的所有数据
out:
array([0, 0, 0, 0, 0, 0, 0, 0, 0, 0, 0, 0, 0, 0, 0, 0, 0, 0, 0, 0, 0, 0, 0,
       0, 0, 0, 0, 0, 0, 0, 0, 0, 0, 0, 0, 0, 0, 0, 0, 0, 0, 0, 0, 0, 0, 0,
       0, 0, 0, 0, 1, 1, 1, 1, 1, 1, 1, 1, 1, 1, 1, 1, 1, 1, 1, 1, 1, 1, 1,
       1, 1, 1, 1, 1, 1, 1, 1, 1, 1, 1, 1, 1, 1, 1, 1, 1, 1, 1, 1, 1, 1, 1,
       1, 1, 1, 1, 1, 1, 1, 1, 2, 2, 2, 2, 2, 2, 2, 2, 2, 2, 2, 2, 2, 2, 2,
       2, 2, 2, 2, 2, 2, 2, 2, 2, 2, 2, 2, 2, 2, 2, 2, 2, 2, 2, 2, 2, 2, 2,
       2, 2, 2, 2, 2, 2, 2, 2, 2, 2, 2, 2])
   iris.feature_names     #查看特征数据的名称
out:
['sepal length (cm)', 'sepal width (cm)', 'petal length (cm)', 'petal
width (cm)']
   iris.target_names     #查看目标类型名称
out:
array(['setosa', 'versicolor', 'virginica'])
```

观察变量 x 和 y 中的数据，x 和 y 均为 array 数据类型。通过 feature_names 和 target_names 可分别查看特征数据和目标分类数据的属性名称。

通过 iris 数据集对象的 DESCR 属性可以查看其描述信息：

```
   print(iris.DESCR)     #输出iris数据集的描述信息
```

输出的描述信息如图 11.2 所示。

```
Iris Plants Database
====================
Notes
-----
Data Set Characteristics:
    :Number of Instances: 150 (50 in each of three classes)
    :Number of Attributes: 4 numeric, predictive attributes and the class
    :Attribute Information:
        - sepal length in cm
        - sepal width in cm
        - petal length in cm
        - petal width in cm
        - class:
                - Iris-Setosa
                - Iris-Versicolour
                - Iris-Virginica
    :Summary Statistics:
    ============== ==== ==== ======= ===== ====================
                    Min  Max   Mean    SD   Class Correlation
    ============== ==== ==== ======= ===== ====================
    sepal length:   4.3  7.9   5.84   0.83    0.7826
    sepal width:    2.0  4.4   3.05   0.43   -0.4194
    petal length:   1.0  6.9   3.76   1.76    0.9490  (high!)
    petal width:    0.1  2.5   1.20  0.76     0.9565  (high!)
    ============== ==== ==== ======= ===== ====================
```

图 11.2 iris 数据集描述

11.4.2 训练模型

通过 KNN 分类算法训练分类模型，首先需要定义一个 KNN 的模型对象。在下一章将具体讲解 KNN 算法原理，本节只需简单了解 sklearn 训练模型的步骤。首先从 sklearn 算法库中导入相应的算法函数，再通过该算法函数定义模型对象。

```
#sklearn.neighbors 库中导入 KNeighborsClassifier 函数
from sklearn.neighbors import KNeighborsClassifier
#定义 knn 模型对象
knn = KNeighborsClassifier(n_neighbors = 5)
```

KneighborsClassifier 函数用于定义最近邻模型对象，其中 n_neighbors 参数指定近邻的个数，如果要定义其他模型对象，只要导入不同的模型函数即可。knn 为一个模型对象，可以将该对象理解为拥有最近邻模型的所有功能的盒子，只要将数据输入盒子，它将自行训练出符合算法要求的模型。

不同类型的模型有自己的原理和方法，后面章节我们将详细介绍。但sklearn训练模型只需要一行代码。这一步实质是将训练数据输入模型对象，通过fit方法完成模型的训练。注意这一步并不返回任何结果，训练的结果将自动存储在模型对象中。变量x和y分别为存有特征数据和分类标签数据的array类型的变量。更为方便的是，由于sklearn完全兼容Pandas，因此变量x和y也接受DataFrame数据类型。

```
knn.fit(x, y)
```

11.4.3 模型预测

将训练数据输入训练好的模型中，将返回预测结果。由于本实例中并未划分训练数据集和测试数据集，因此只输入一条样本数据，观察预测结果。

```
knn.predict([[2, 5, 4, 2]])
out:
array([1])
```

运行后返回的预测类型标签为1。

11.4.4 模型评估与选择

根据预测值对训练的KNN模型进行评估和参数调节，还可以从不同的算法模型中挑选性能更优的模型。比如在本实例中，我们默认n_neighbors参数设置为5，实质上该参数为5时，模型效果并不一定最好。通过模型评估与选择能够找出效果最好的n_neighbors参数。模型评估与选择由于涉及知识较多，将在后续章节中专门讲解，本节默认n_neighbors的最佳参数为5，在此不再展开。

习题

1. 根据图11.1机器学习的数学定义，解释什么是机器学习。
2. 解释监督式学习与非监督式学习的区别，并结合现实生活，各举一例。
3. 解释分类与回归的区别，并结合现实生活，各举一例。
4. 解释说明数据挖掘、机器学习、深度学习、统计学习、人工智能这些概念的异同。

5. 加载 Scikit-learn 自带的 iris 数据集，查看该数据集的描述信息，并将该数据集以 Excel 格式导出。

6. 基于 iris 数据集训练 KNN(K=5)的分类模型，预测花萼长度=5.1，花萼宽度=3.6，花瓣长度=1.8，花瓣宽度=0.4 的样本属于哪一种鸢尾花类型。

第 12 章

从线性回归到分类

本章将阐释监督式学习任务中，回归问题的主要学习算法的原理与实现，以及回归问题与分类问题之间的联系。

本章将重点讲解以下几个问题：

■线性回归算法的原理与实现。

■线性回归模型的拟合优度。

■什么是线性分类？

■线性分类与逻辑回归的关系。

■逻辑回归算法的原理与实现。

12.1 线性回归算法

12.1.1 线性回归算法原理

线性回归作为机器学习最基础的监督学习算法，其算法思想来源于统计学的回归分析。在给定一组训练数据的基础上，找到一个能够最好拟合这组训练数据的线性函数 $g(x)$，并通过该线性函数对新的样本数据进行预测。

如图 12.1 所示，二维空间中线性函数 $g(x)$ 为一条直线，三维空间中线性函数为一个平面。以二维空间为例，线性回归希望找到一条直线，该直线上的所有预测点 $(x_i, \hat{y}_i)$ 与真实样本点 (x_i, y_i) 的距离平方和最小。我们将样本点 (x_i, y_i) 与预测点 $(x_i, \hat{y}_i)$ 之间的距离称为残差，预测点与实际样本点的距离平方和又称为残差平方和（SSE）。只有一个自变量的线性回归称为一元线性回归，多个自变量的线性回归称为多元线性回归。

扩展到多维空间，线性回归希望找到一个假设函数 $g(x)$，如式(12－1)，使得所有预测点与真实样本点的残差平方和 SSE（式 12－2）最小，n 为样本的特征数量，m 为训练集的样本数量，$(w_0, w_1, \cdots, w_n)$ 为需要估计的系数矩阵。

$$g(x)=w_0+w_1x_1+w_2x_2+\cdots+w_nx_n \tag{12-1}$$

$$SSE=\sum_{i=1}^{m}(y_i-\hat{y}_i)^2 \tag{12-2}$$

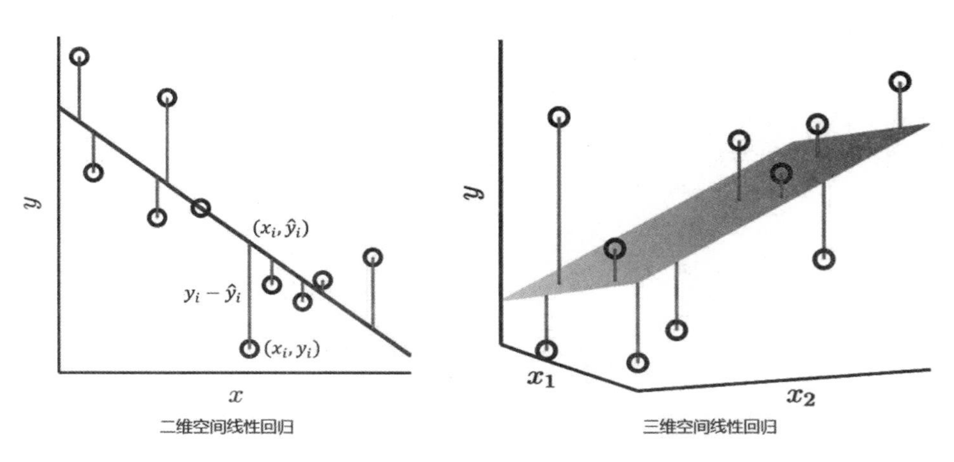

图 12.1　线性回归原理图

12.1.2　线性回归实现

以 Advertising 数据集为例，训练线性回归模型如下：

1. 导入 Advertising 数据集

采用 Advertising 广告数据集，作为线性回归的实验数据，下载 Advertising.csv 文件并通过 Pandas 的 read_csv 方法读取数据集文件 Advertising.csv。

```
    from sklearn.linear_model import LinearRegression
    from matplotlib import pyplot as plt
    import pandas as pd
    data = pd.read_csv('Advertising.csv')
    data.head()
out:
      TV     radio    newspaper   sales
1   230.1   37.8      69.2         22.1
2   44.5       39.3   45.1         10.4
3   17.2       45.9   69.3         9.3
4   151.5      41.3   58.5         18.5
5   180.8      10.8   58.4         12.9
```

该数据集共有 200 个样本值，3 个自变量特征属性为 TV、radio、newspaper，分别表示在 3 种媒体上投放的广告金额（单位：千元），因变量 sales 表示产品的销售数量（单位：千件）。该数据集中因变量 sales 为连续变量，要分析 sales 与 TV、radio、newspaper 的线性关系，这是一个典型的多元线性回归问题。

通过绘制变量 sales 与 3 个自变量的散点图可观察它们之间的关系，sales 与 TV 的散点图绘制代码如下：

```
plt.scatter(data['TV'],data['sales'],color = 'black')
plt.xlabel('TV Ad')
plt.ylabel('sales')
plt.show()
```

sales 与 TV、radio、newspaper 3 个变量的散点图，如图 12.2 所示。

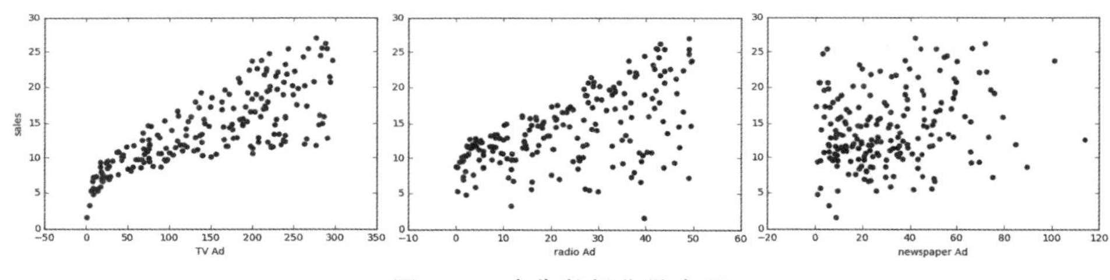

图 12.2　广告数据集散点图

2. 训练线性回归模型

建立多元线性回归模型，如式（12－3）：

$$sales = w_0 + w_1 TV + w_2 newspaper + w_3 radio \tag{12-3}$$

w_0、w_1、w_2、w_3 为模型系数，模型训练的目标是找到合适的模型系数，使得线性方程与训练观察值的残差平方和最小。

首先定义线性回归模型对象 linreg，再将自变量特征数据 X 与因变量数据 y，传入 fit 函数，便完成了该线性回归模型的训练：

```
X = data[['TV', 'radio', 'newspaper']]
y = data['sales']
linreg = LinearRegression()    # 模型定义
linreg.fit(X, y)               # 模型训练
```

sklearn 中，w_0 被称为截距(intercept)，可通过模型的"intercept_"属性返回 w_0 系数的值，其他的模型系数可通过"coef_"属性以列表的形式返回。

```
    print(linreg.intercept_)   #输出 w0
    print(linreg.coef_)        #按顺序输出 w1、w2、w3
out:
2.93888936946
[ 0.04576465  0.18853002  -0.00103749]
```

将系数代入模型，最终训练的多元线性回归方程为式(12－4)：

$$sales=2.93+0.046TV+0.189newspaper-0.001radio \qquad (12-4)$$

这些系数到底有什么含义呢？以 TV 的系数 0.046 为例，我们可以认为在 newspaper 和 radio 上投放的广告金额一定的情况下，在 TV 上投放的广告金额每增加一个单位，销售量会增加 0.046 个单位。

3. 模型预测与检验

线性回归通常采用拟合优度指标来评价线性回归模型的拟合程度的好坏。度量拟合优度的统计量是可决系数 R^2，R^2 的值越接近 1，说明线性回归模型对观测值的拟合程度越好；R^2 的值越小，说明线性回归模型对观测值的拟合程度越差。

在学习可决系数 R^2 的计算公式之前，首先需要明确几个概念：

(1) *TSS* 总离差平方和，为样本值 Y_i 与样本均值 $\bar{Y}$ 之差的平方和，其计算公式为 $TSS=\sum(Y_i-\bar{Y})^2$，该指标反映因变量波动的大小。

(2) *RSS* 回归平方和，为预测值 $\hat{y}_i$ 与样本均值 $\bar{Y}$ 之差的平方和，其计算公式为 $RSS=\sum(\hat{y}_i-\bar{Y})^2$，该指标反映由模型中解释变量计算出来的预测值的波动大小。

(3) *SSE* 残差平方和，为样本值 Y_i 与预测值 $\hat{y}$ 之差的平方和，其计算公式为 $SSE=\sum(Y_i-\hat{y}_i)^2$，该指标反映样本观测值与估计值偏离的大小，也是模型中因变量总的波动中不能通过回归模型解释的那部分。

TSS、*RSS*、*SSE* 这 3 个概念之间存在如式(12－5)所示的关系：

$$TSS=RSS+SSE=\sum(\hat{y}_i-\bar{Y})^2+\sum(Y_i-\hat{y}_i)^2 \qquad (12-5)$$

该公式的逻辑意义为：被解释变量 Y 总的波动＝解释变量 X 引起的变动＋除 X 以外的其他因素引起的变动。

可决系数 R^2 等于回归平方和(*RSS*)在总平方和中所占的比率(*TSS*)，即回归方程所能解释的因变量变异性的百分比，其目标是衡量回归方程整体的拟合度。R^2 的计算公式如式(12-6)：

$$R^2=\frac{RSS}{TSS}=1-\frac{RSS}{TSS}=1-\frac{\sum(\hat{y}_i-\bar{Y})^2}{\sum(Y_i-\bar{Y})^2} \tag{12-6}$$

观察公式可以发现，R^2 的取值范围是[0,1]。对于一组样本数据，*TSS* 是确定的，所以 *RSS* 越大，*SSE* 越小，则拟合优度 R^2 越大，自变量对因变量的解释程度就越高，自变量引起的变动占总变动的百分比越高，观察点在回归方程附近越密集。

接下来，计算本实例中训练出的线性回归模型对象 linreg 的可决系数 R^2：

```
y_pred = linreg.predict(X)          # 计算预测值 ŷi
r = y_pred-y.mean()                 # 计算 ŷi-Ȳ
r = r * * 2                         # 计算(ŷi-Ȳ)²
RSS = r.sum()
r = y-y.mean()                      # 计算 Yi-Ȳ
r = r * * 2                         # 计算(Yi-Ȳ)²
TSS = r.sum()
R_squre = RSS/TSS
```

该线性回归模型的 R^2 为 0.9，即模型的可决系数为 0.9。依次从 3 个自变量中剔除 1 个自变量并重新拟合模型，发现其可决系数均小于 0.9。这说明，线性模型 sales＝2.93＋0.046TV＋0.189newspaper－0.001radio 的拟合程度最优。

12.2 逻辑回归分类算法

逻辑回归虽然属于监督式学习中的回归类算法，但该算法常常用于处理分类问题。本节将通过“线性回归”到“线性分类”再到“逻辑回归”的理论脉络，解释回归算法与分类算法的区别与联系。

12.2.1 从线性回归到线性分类

在介绍逻辑回归算法之前，首先来看一看银行是如何决定是否给用户发放信用贷款的。一般银行会通过线性回归方法，预测贷款用户的信用评分与贷款用户的特征属性 $x_1,x_2,\cdots,x_n$ 之间存在的线性关系，如：

$$y=w_1x_1+w_2x_2+\cdots+w_nx_n \tag{12-7}$$

公式(12-7)中的自变量 $x_1,x_2,\cdots,x_n$ 理解为向银行申请信用贷款的用户特征属性,如年龄、性别、收入等,因变量 y 为该贷款用户的信用评分,系数 w_1, w_2, …, w_n 为各特征属性的权重。通过线性方法可以计算出贷款用户的信用评分,如果对信用评分设定一个阈值,信用评分高于阈值的用户,则认为该用户不会违约;低于该阈值的用户,则认为会违约。将公式(12－7)稍作变换后得到公式(12－8),在公式(12－7)两边同时减去阈值 threshold,如果(y－threshold)>0,则预测用户不会违约;如果(y－threshold)<0,则预测用户会违约。引入阈值的概念后,将线性回归问题就顺利地转换为一个二分类问题,如公式(12－8)。*sign* 为一个阶跃函数,可以理解为取自变量的符号,当自变量大于 0 时,返回 1;当自变量小于 0 时,返回－1。

$$y_d efault = sign(w_1 x_1 + w_2 x_2 + \cdots + w_n x_n - \text{threshold}) \qquad (12-8)$$

令 $w_0 = -\text{threshold}$,代回公式(12－8)中,变换为公式(12－9),函数 *sign* 的参数 $\theta_0 + \theta_1 x_1 + \theta_2 x_2 + \cdots + \theta_n x_n$,正是线性回归拟合后的函数。只不过将一个连续的信用评分的线性回归问题,通过 *sign* 函数转换为一个二分类问题,其原理如图 12.3 所示。

$$y_d efault = sign(w_0 + w_1 x_1 + w_2 x_2 + \cdots + w_n x_n) \qquad (12-9)$$

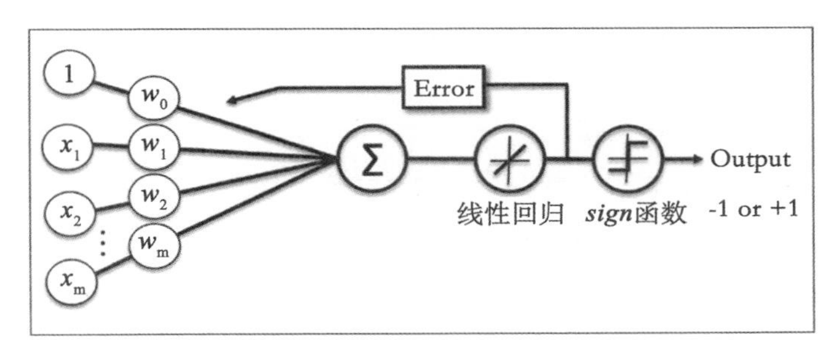

图 12.3　线性分类问题原理

如图 12.3 所示,通过 *sign* 这样一个取符号的映射函数,我们成功地将信用评分的线性回归问题转换为一个线性分类问题。只不过线性回归的因变量 y 是连续的实数,而线性分类的因变量 y 则是非连续的分类值。

线性回归的根本目标是在二维空间中找一条直线,在三维空间中找一个平面,或者在更高维的向量空间中找一个线性向量,使得该向量与样本值的距离平方和(残差平方和)最小。

12.2.2　从线性分类到逻辑回归

既然通过 *sign* 函数能够将线性回归问题转换为线性分类问题,是否还有其他的映射函数,能够将信用评分这样的实数输出,转换为现实世界人们更容易理解的输出呢?正是因为这样的问题,逻辑回归应运而生,其原理如图 12.4 所示。

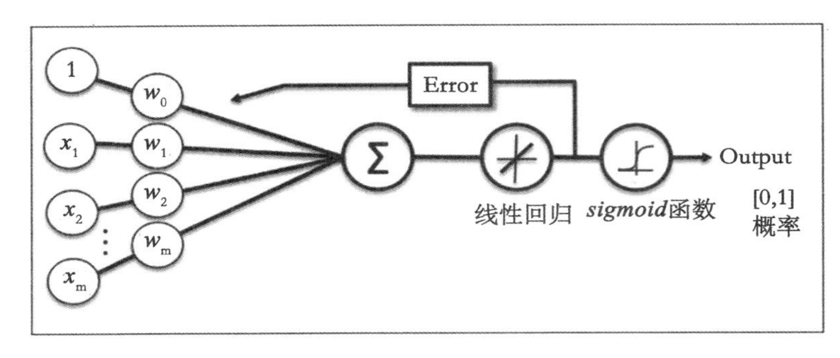

图 12.4　逻辑回归原理

逻辑回归将线性分类中的 *sign* 替换为 *sigmoid* 函数,就能输出一个[0,1]实数区间的值。这样一个在[0,1]区间连续且平滑的输出值非常的美妙。首先,其输出与线性回归一样也是连续的实数,因此,“逻辑回归”也称为“回归”方法。其次,由于输出的是一个[0,1]区间的实数,在分类问题中可以理解为属于某种类型的概率,因此,只要设定一个概率的阈值,很容易又转换为分类问题。正是这样的特性,决定了逻辑回归经常被用于分类问题。如式(12-10),*sigmoid* 函数的参数为线性拟合后的输出,通过 *sigmoid* 映射后输出值 p 为向量空间中的点 $(x_1, w_2, \cdots, x_n)$ 属于某一分类的概率。

$$p = sigmoid(w_0 + w_1 x_1 + w_2 x_2 + \cdots + w_n x_n) \tag{12-10}$$

接下来,有必要了解一下逻辑回归中,能够将连续的实数值转换为[0,1]区间的平滑实数的 *sigmoid* 函数,其数学表达如公式(12-11)。

$$y(z) = \frac{1}{1+e^{-z}} \tag{12-11}$$

如图 12.5 所示,在 *sigmoid* 函数中,如果将自变量 z 理解为线性回归的输出,当 z 很大或者很小时,因变量都无限趋近于 1 或 0;当 z 值为 0 时,因变量的值正好为 0.5。

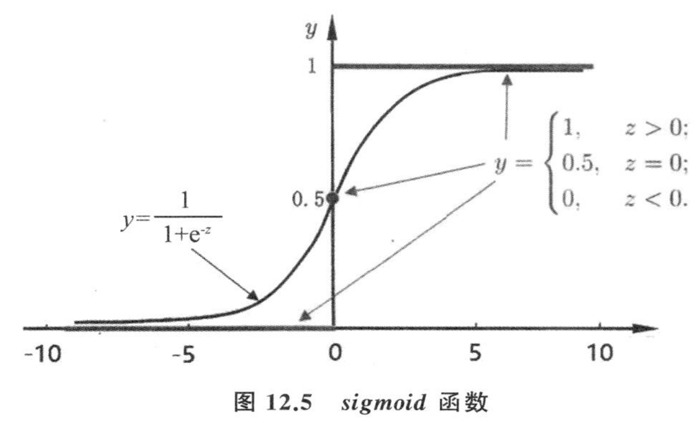

图 12.5　*sigmoid* 函数

12.2.3　逻辑回归实现

同样按照 sklearn 训练模型的 4 个步骤，在 iris 数据集上训练逻辑回归模型，示例代码如下，运行代码后显示该模型的预测精度为 0.96。

```
from sklearn.linear_model import LogisticRegression
from sklearn.datasets import load_iris
from sklearn.metrics import accuracy_score
#导入数据
iris = load_iris()
#定义模型与训练
logreg = LogisticRegression()
logreg.fit(iris.data,iris.target)
#预测
predicted = logreg.predict(iris.data)
#评估模型分类准确率
accuracy_score(iris.target,predicted)
```

在分类任务中，准确率是指分类正确的样本数占样本总数的比例；与之相反的错误率是分类错误的样本数占样本总数的比例。通过 accuracy_score 可以方便地计算分类任务的精度。

$$\text{分类准确率}=\frac{\text{分类正确的样本数}}{\text{总样本数}}$$

在前面的原理讲解中，我们提到逻辑回归实质上是处理二分类问题，但 iris 数据集实际上是一个三分类问题。实质上通过类型的分解迭代，可以将多分类问题分解为多个二分类问题，其具体的实现流程本书不再赘述。我们可以认为多分类问题中，默认情况下逻辑回归模型会将预测点归类到概率最高的分类中。

通过模型对象的 predict_proba 方法可以查看各类型的概率值，该概率值实质上就是前面章节提到的 *sigmoid* 函数所输出的[0,1]区间的实数值。

```
    pred_prob = logreg.predict_proba(iris.data)[0:5,]
    pred_prob
out:
array([[  8.79681649e-01,   1.20307538e-01,   1.08131372e-05],
       [  7.99706325e-01,   2.00263292e-01,   3.03825365e-05],
       [  8.53796795e-01,   1.46177302e-01,   2.59031285e-05],
       [  8.25383127e-01,   1.74558937e-01,   5.79356669e-05],
       [  8.97323628e-01,   1.02665167e-01,   1.12050036e-05]])
```

运行以上代码发现,predict_proba 方法返回了一个具有 3 列的 array,这 3 列依次代表不同的预测点分属山鸢尾、变色鸢尾、弗吉尼亚鸢尾这 3 种类型的概率。示例代码中只显示了前 5 个观察值的预测概率。

习题

1. 一家房产中介公司想了解某营业部的加班情况与销售业绩之间的联系,因此做了一项为期 12 周的调查,收集了每周该营业部的加班总时间与网签的订单数据。X 为每周的网签订单数,Y 为每周该营业部的总加班时间(小时)。如果通过线性回归模型拟合后发现 intercept 项的值为 0.211,coef 项的值为 0.0356,请写出该回归方程,如果该营业部未来一周的加班总时间为 500 小时,请预测该周的网签订单数。

2. 在一项动物体积研究中,由于动物的体积难以测量,因此希望通过线性回归模型预测该动物的体积。表 12.1 是某动物重量 x(kg)与体积 Y(10^{-3} m^3)的 16 个随机样本,根据该表的数据完成以下操作:

表 12.1　动物体积样本

x	13.7	11.8	15.5	17.3	10.4	10.6	15.1	18.2
Y	13.4	11.6	15.6	16.8	10.3	10.4	14.8	18.1
x	17.9	12.3	17.1	15.1	13.7	16.5	16.8	15.3
Y	17.6	12.1	16.7	15.1	13.3	15.8	16.9	15.1

(1) 试在 Python 中建立线性回归模型,拟合出该一元线性方程;

(2) 通过 matplotlib 绘制图形,该图形中包括样本散点图与拟合的直线;

(3) 计算该模型的残差平方和 *SSE*,并计算体重为 15.8kg 的动物的体积;

(4) 计算该模型的可决系数 R^2。

3. 阐述 *TSS*、*RSS*、*SSE*、R^2 这 4 个概念的含义,并分析这 4 个概念之间的关系。

4. 下载某城市的 PM2.5 观察数据集 City-PM2.5.csv,进行必要的数据处理后,通过 sklearn 训练多元线性回归模型预测该城市的 PM2.5 的值,对模型的特征进行筛选，找出可决系数 R^2 最高的线性方程。

5. 阐述逻辑回归模型与线性回归模型的关系，并分析逻辑回归模型用于分类任务的原理。

6. 解释逻辑回归中 *sigmoid* 函数的作用。

7. 下载白葡萄酒数据集 winequality-white.csv，进行必要的数据处理后，训练逻辑回归模型，根据白葡萄酒的特征预测白葡萄酒的质量等级，并计算该模型的分类准确率。

第 13 章

分类模型及应用

在上一章我们了解了回归模型的原理与实现,以及从线性回归到线性分类再到逻辑回归的脉络之后,本章将进一步讲解监督式学习问题中专门用于分类任务的学习算法的原理与实现。

本章将重点讲解以下几个问题:

■KNN 算法的原理与实现。

■决策树算法的原理与实现。

■随机森林算法的原理与实现。

13.1 K 近邻分类算法

13.1.1 KNN 算法原理

K 近邻(K-NearestNeighbor)又称为 KNN 算法,是最基本的机器学习算法之一。其原理非常简单,就是根据与预测点最近的几个样本的值,来推测预测点的结果。其实我们经常将这一算法的思想应用于日常生活中。所谓"近朱者赤,近墨者黑",日常生活中判断一个人的品行如何,我们经常通过他最亲密的几个朋友的品行来推测他本人。

KNN 算法在应用中需要注意以下三个问题:

(1) 分类规则:如何从预测点的邻居情况来推测预测点的情况呢? 一般在分类问题中采用多数表决法,也就是说最近的邻居中,哪种类型多,则预测点就属于那种类型。其实 KNN 算法既可以用于分类问题,又可以用于回归问题。其区别在于,当分类规则为多数表决法时,输出为非连续的类型变量,则此时用于分类问题;当分类规则为求平均时,输出为一个连续型变量,此时用于回归问题。本书只讨论 KNN 算法用于分类问题的情况。

(2) K 值的选择:K 代表预测点最近的邻居数,到底要选择几个最近的邻居参与投票表决，这是一个非常有趣的问题。选择较小的 K 值，就相当于用较小范围中的训练样本进行预测，训练误差会减小，只有与预测样本较近或最相似的训练样本才会对预测结果起作用。与此同时，带来的问题是泛化误差会增大，容易发生过拟合，即个别的训练样本数据对预测值影响过大，从而降低了模型在未知数据集上的预测能力；选择较大的 K 值，就相当于用较大范围中的训练样本进行预测，其优点是可以减少泛化误差，但缺点是训练误差会增大。对于训练误差、泛化误差、过拟合的概念我们将在后面的章节具体讲解。

（3）距离的度量：什么样的邻居才是最近的邻居？这就需要计算训练样本点与预测点的距离，距离度量的方法非常多，比如欧式距离、曼哈顿距离、闵可夫斯基距离等。本书默认采用欧式距离法度量样本点之间的距离。

为便于对各种分类算法的比较，本章仍然采用经典的分类实验数据集 iris（鸢尾花）作为模型的样本输入。在前文中，已演示了如何通过 Scikit-learn 包加载该数据集，本节将不再赘述。为了通过二维图的形式说明 KNN 算法的思想，本节的实例中暂时只采用 iris 的花瓣长度和花瓣宽度这两个自变量特征，来观察分类情况在这两个特征上的散点图。

将三种类型的鸢尾花的花瓣长度和花瓣宽度分别作为横轴和纵轴，以散点图形式输出，示例代码如下：

```
import matplotlib.pyplot as plt
%pylab inline
iris_setosa = iris.data[:50]              # setosa 的数据
iris_versicolor = iris.data[50:100]   # versicolor 的数据
iris_virginica = iris.data[100:150]   # virginica 的数据
plt.scatter(iris_setosa[:,2],iris_setosa[:,3],marker = 'x')
#绘制 setosa
plt.scatter(iris_versicolor[:,2],iris_versicolor[:,3],marker =
'+')  #绘制 versicolor
plt.scatter(iris_virginica[:,2],iris_virginica[:,3],marker = '*')
#绘制 virginica
plt.legend(['setosa', 'versicolor','virginica'],loc = 'upper left')
#绘制图例
plt.xlabel('Petal Length')
plt.ylabel('Petal With')
```

输出散点图如图13.1所示，假定圆点是未知类型的样本，需对该点的类型标签进行预测。当K=3时，观察内层圆圈中与预测点最近的3个点中，有2个点是versicolor，有1个点是virginica，根据多数表决法的分类准则，则预测点的类型为versicolor类型；如果当K=12时，观察外层圆圈中与预测点最近的12个点中，有9个点为virginica，有3个点是versicolor，此时预测点的类型为virginica。可见K值的选择对最终的预测结果具有重要作用。

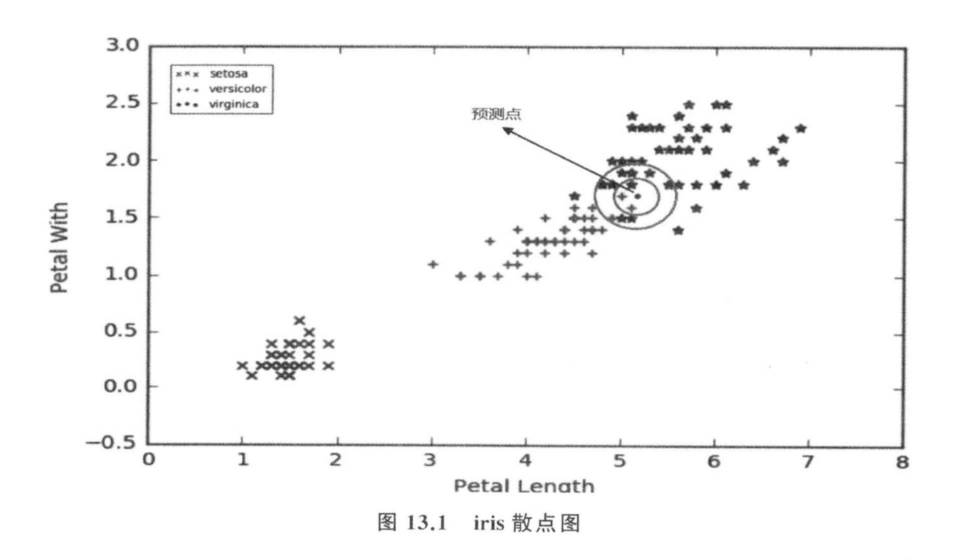

图13.1　iris散点图

13.1.2　KNN算法实现

sklearn提供了KNN分类模型函数KNeighborsClassifier，其标准格式和常用参数如下：

```
KNeighborsClassifier(n_neighbors, weights, p)
```

（1）n_neighbors：类型为整型，默认值为5，指定参与决策投票的最近邻居数。

（2）weights：类型为字符串型，默认值为“uniform”，指定邻居节点的投票权重。参数为“uniform”时说明所有节点的权重相同；参数为“distance”时说明邻居节点的投票权重与其距预测点的距离成反比。

（3）p：类型为整型，默认值为2，指定计算距离的算法。当p=1时，使用曼哈顿距离；当p=2时，使用欧式距离；当p为其他任意值时，使用闵可夫斯基距离。

通过 Scikit-learn 包在 iris 上实现 KNN 算法的过程，在前文已经讲解，只要按照数据导入、定义与训练模型、模型预测、模型评估这四个步骤便可完成。本节将进一步比较 K 取不同值时，训练出的模型在 iris 上的分类准确率的差别。

本实例中将 iris 实验数据集的 150 条数据以及每条数据的 4 个自变量特征，全部用于模型训练，分别训练出 K＝1，5，10 这 3 个模型，并计算这三个模型的分类准确率。

```
# 第一步导入数据
from sklearn.datasets import load_iris
iris = load_iris()
x = iris.data
y = iris.target
# 第二步定义模型并训练模型
from sklearn.neighbors import KNeighborsClassifier
knn1 = KNeighborsClassifier(n_neighbors = 1)
knn2 = KNeighborsClassifier(n_neighbors = 5)
knn3 = KNeighborsClassifier(n_neighbors = 10)
knn1.fit(iris.data,iris.target)
knn2.fit(iris.data,iris.target)
knn3.fit(iris.data,iris.target)
#第三步模型预测
predicted1 = knn1.predict(iris.data)
predicted2 = knn2.predict(iris.data)
predicted3 = knn3.predict(iris.data)
#第四步模型评估，计算三个模型的分类准确率
accuracy1 = sum(iris.target = = predicted1)/len(iris.target)
accuracy2 = sum(iris.target = = predicted2)/len(iris.target)
accuracy3 = sum(iris.target = = predicted3)/len(iris.target)
```

观察 3 个模型的精度值分别为 1.0，0.97，0.98，可见当 K＝10 时的 KNN 模型的分类准确率最高。另外，sklearn 还专门提供了计算分类准确率的专用函数 accuracy_score()，也可通过该函数方便地实现模型分类准确率的计算，代码如下：

```
from sklearn.metrics import accuracy_score
accuracy_score(iris.target,predicted1)
```

13.2 决策树分类算法

13.2.1 决策树算法原理

1. 决策树的概念

决策树作为基础的机器学习算法,因为其算法思想与人类的决策过程相似,容易理解与解释,因此被广泛应用。受人类决策过程的启发,决策树通过树形结构来进行决策。以一个人根据天气情况决定是否出门打高尔夫球为例,需要进行一系列的决策判断。首先他观察天气是晴天、多云,还是下雨。若是多云,他决定去;如果是晴天,还要观察空气湿度如何;如果是下雨,还要观察风的强度如何。其决策过程如图 13.2 所示。

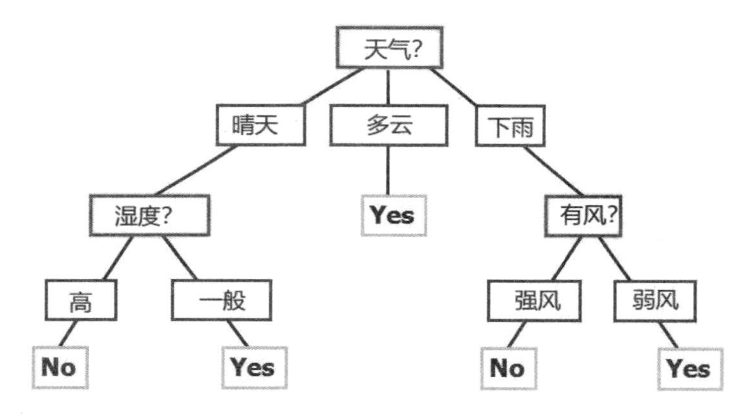

图 13.2 决策树过程

可见,决策树是一种特殊的树形结构,一般由节点和边组成。其中,节点表示特征,边包含判断条件。决策树从根节点开始延伸,经过不同的判断条件后,到达不同的子节点。上层子节点又可以作为父节点被进一步划分为下层子节点。一般情况下,我们从根节点输入数据,经过多次判断后,这些数据就会被分为不同的类别。

2. 决策树学习

将决策树的思想引入机器学习中,这就是经典的决策树学习算法,又称为决策树。决策树可以用来解决分类或回归问题,分别称为分类树或回归树。其中,分类树的输出是非连续的分类变量,而回归树一般输出为一个连续型的实数。

在决策树学习算法中，关键是如何选择最优的特征划分。一般情况下，在划分过程中，希望决策树的分支节点所包含的样本尽可能属于同一类别。换句话说，希望节点的“纯度”(purity)越高越好。通常可通过信息熵(information entropy)和基尼系数(gini index)两种方式来计算节点的纯度。

本书以信息熵作为计算节点的纯度指标，假定按某个特征决策后，样本集合 D 被分成了 k 类，第 k 类样本所占的比例为 p_k，其中 $k=1,2,\cdots,N$，样本集合 D 的信息熵的定义如式(13-1)：

$$Entropy(D)=-\sum_{k=1}^{N}p_k\log_2 p_k \tag{13-1}$$

$Entropy(D)$的值越小，样本集合 D 的纯度越高。到底优先选哪一个属性作为决策属性，则需要依据该属性决策后，视样本集合 D 的纯度的提高程度而定。优先选择纯度提高最大的属性作为决策属性。经典的决策树算法 ID3，在决策树的建立过程中使用“信息增益”(information gain)指标来衡量样本集合 D 纯度提高的程度。

“信息增益”为决策划分前样本集合 D 的信息熵与决策划分后各样本子集的加权信息熵之差。假设离散属性 A 有 N 个可能的取值$\{A_1,A_2,\cdots,A_n,\cdots,A_N\}$，当样本集合在属性 A 上进行决策，将产生 N 个决策分支，样本集合 D 在决策分支A_n 上的样本集合为D_{A_n}。则样本集合 D 在属性A 上进行决策划分后的“信息增益”$Gain(D,A)$的计算公式为式(13-2)：

$$Gain(D,A)=Entropy(D)-\sum_{n=1}^{N}\frac{|D_{A_n}|}{|D|}Entropy(D_{A_n}) \tag{13-2}$$

其中$|D_{A_n}|$为样本集合 D 在决策分支 A_n 上的样本数量，$|D|$为样本集合 D 的样本数量。“信息增益”越大，则纯度提升越高。

表 13.1　是否外出打球样本数据

天气	湿度	风况	打球
晴	高	弱风	否
晴	高	强风	否
多云	高	弱风	是
雨	高	弱风	是
雨	一般	弱风	是
雨	一般	强风	否
多云	一般	强风	是

（续表）

天气	湿度	风况	打球
晴	高	弱风	否
晴	一般	弱风	是
雨	一般	弱风	是
晴	一般	强风	是
多云	高	强风	是
多云	一般	弱风	是
雨	高	强风	否

以表13.1所示的外出打球的观察样本为例，通过ID3算法构建决策树的步骤为：

（1）筛选第1层决策树的决策属性。

①计算根节点的信息熵。是否外出打球只有2种决策项“是”或“否”，在样本集 D 上“是”共有9个样本，“否”共有5个样本。整个样本集合的信息熵为 $Entropy(D)$。

$$Entropy(D)=-\sum_{k=1}^{2}p_k\log_2 p_k=-\left(\frac{9}{14}\log_2\frac{9}{14}+\frac{5}{14}\log_2\frac{5}{14}\right)=0.94$$

②分别计算样本集合D在天气、湿度、风况这3个属性上进行决策划分的“信息增益”。

天气属性共有3个决策分支，分别为晴、多云、雨。子集 $D_{天气晴}$ 样本数为5，其中外出打球的样本数为2，不外出打球的样本数为3，则 $D_{天气晴}$ 的信息熵为：

$$\text{Entropy}(D_{天气晴})=-\left(\frac{2}{5}log_2\frac{2}{5}+\frac{3}{5}log_2\frac{3}{5}\right)=0.972$$

同理，计算子集 $D_{天气多云}$ 和 $D_{天气雨}$ 的信息熵：

$$Entropy(D_{天气多云})=-\frac{4}{4}\log_2\frac{4}{4}=0$$

$$Entropy(D_{天气雨})=-\left(\frac{3}{5}\log_2\frac{3}{5}+\frac{2}{5}\log_2\frac{2}{5}\right)=0.972$$

样本集合D在天气属性上存在3个决策分支子集，这3个子集的样本数分别为 $|D_{天气晴}|=5$，$|D_{天气多云}|=4$，$|D_{天气雨}|=5$，按照天气属性进行决策划分的信息增益Gain(D,天气)的计算过程如下：

$$\text{Gain}(D,天气)=0.94-\left(\frac{5}{14}\times0.972+\frac{4}{14}\times0+\frac{5}{14}\times0.972\right)=0.246$$

同理，计算样本集合 D 在湿度、风况属性上的信息增益：

$$Gain(D,湿度)=0.94-\left(\frac{7}{14}\times 0.98+\frac{7}{14}\times 0.587\right)=0.156$$

$$Gain(D,风况)=0.94-\left(\frac{8}{14}\times 0.81+\frac{6}{14}\times 1\right)=0.05$$

比较样本集合 D 在 3 个属性上的“信息增益”，其中在天气属性上的“信息增益”最大，因此第 1 层决策树的决策属性为“天气”。

(2) 筛选第 2 层决策树的决策属性。

经过天气属性的第 1 层决策后，样本集合 D 被划分为 3 个子样本 $D_{天气晴}$、$D_{天气多云}$、$D_{天气雨}$，令子集 $D_{天气晴}$ 为 D_1，$D_{天气多云}$ 为 D_2，$D_{天气雨}$ 为 D_3。第 2 层决策树的任务是分别找出子集 D_1、D_2、D_3 上“信息增益”最大的决策属性。

①筛选子集 D_1 上的决策属性。

$$Gain(D_1,湿度)=0.972-\left(\frac{3}{5}\times 0+\frac{2}{5}\times 0\right)=0.972$$

$$Gain(D_1,风况)=0.972-\left(\frac{3}{5}\times 0.91+\frac{2}{5}\times 1\right)=0.026$$

$Gain(D_1,湿度)>Gain(D_1,风况)$，因此，子集 D_1 上的决策属性为“湿度”。

②筛选子集 D_2 上的决策条件。

由于 $Entropy(D_2)=0$，该子集上纯度已经不能够再提高，因此，该决策分支不能再划分。

③筛选子集 D_3 上的决策条件。

$$Gain(D_3,湿度)=0.972-\left(\frac{3}{5}\times 0.91+\frac{2}{5}\times 1\right)=0.026$$

$$Gain(D_3,风况)=0.972-\left(\frac{3}{5}\times 0+\frac{2}{5}\times 0\right)=0.972$$

$Gain(D_3,风况)>Gain(D_3,湿度)$，因此，子集 D_3 上的决策属性为“风况”。

(3) 筛选第 3 层决策树的决策属性。

由于子集 D_1 在决策属性“湿度”上进一步划分的 2 个子集的纯度均为 0，因此，该分支下的子集不能再划分。

由于子集 D_3 在决策属性“风况”上进一步划分的 2 个子集的纯度也均为 0，因此，该分支下的子集也不能再划分。

至此，决策树划分完毕。决策图如图 13.2 所示。

13.2.2　决策树算法实现

sklearn 提供了决策树分类函数 DecisionTreeClassifier，其标准格式和常用参数如下：

```
DecisionTreeClassifier(criterion, max_depth, max_features, random
_state)
```

（1）criterion：类型为字符串，默认值为"gini"，指定衡量决策树纯度的指标，可选项为基尼系数"gini"和信息增益的"entropy"。

（2）max_depth：整型或 None，默认值为 None，指定决策树的最大深度。如果值为 None，则扩展节点直到所有的叶子是纯净的。

（3）max_features：类型可为整型、浮点型、字符串、None，默认值为 None，指定决策树中寻找最佳分割时需考虑的特征数目。该参数的可选项为：①整型，指定最大特征数为该整数值；②浮点型，指定最大特征数占总特征数的百分比；③"auto"，指定最大特征数为总特征数的平方根；④"log2"，指定最大特征数为 log2（总特征数）；⑤None，指定最大特征数为总特征数。

（4）random_state：类型为整型或 None，指定随机发生器的种子，如果参数为 None，则随机发生器的种子由 np.random 函数随机产生。

在 iris 数据集上训练决策树模型，示例代码如下：

```
from sklearn import tree
from sklearn.datasets import load_iris
from sklearn.metrics import accuracy_score
#导入数据
iris = load_iris()
#定义模型训练模型
dtree = tree.DecisionTreeClassifier(criterion = 'entropy')
dtree.fit(iris.data,iris.target)
#预测
predicted = dtree.predict(iris.data)
#评估模型分类准确率
accuracy_score(iris.target,predicted)
```

定义训练模型时，DecisionTreeClassifier()函数默认的纯度指标为基尼系数，可通过参数 criterion 指定纯度指标为信息熵，最终模型预测的分类准确率为 1.0。与其他机器学习算法相比，决策树的一大优势是其对模型的解释能力，我们可以通过观察决策树的决策层次，分析样本的哪些特征对分类结果的影响更大，这就需要我们输出决策树图。

模型对象的 graphviz 方法可以方便地输出决策图，由于 sklearn 还不能完美支持图片格式输出，目前只能以 dot 文件格式输出决策图，示例代码如下：

```
tree.export_graphviz(dtree, out_file='dtree.dot')
```

dot 是贝尔实验室开发的绘制结构化图形网络的脚本语言，可通过 graphviz 软件进行编辑与浏览。因此，要查看 dtree.dot 文件，需前往 graphviz 官网免费下载该工具。进入 graphviz 软件并打开模型输出的 dtree.dot 文件，如图 13.3 所示，可以看到.dot 文件的源代码，以及生成的决策树图。将决策图导出为图片文件 dtree.png。

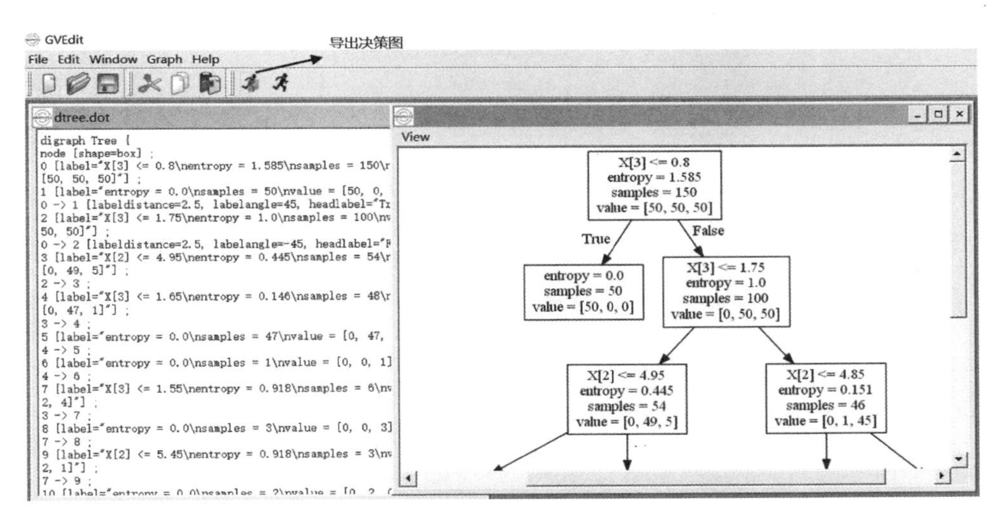

图 13.3　通过 graphviz 显示决策图

通过以下代码，可以将本地图片文件显示在 Jupyter 编辑器中：

```
%pylab inline
from IPython.display import Image
Image('dtree.png')
```

输出结果如图 13.4 所示，该决策树共 6 层，第 1 层按花瓣宽度划分，当花瓣宽度小于等于 0.8 时，将样本归为第 1 类，这一类样本信息熵为 0，已经达到最小，这个决策分支已经不能再分；当花瓣宽度大于 0.8 时，在决策树第 2 层，以花瓣宽度 1.75 作为边界再进行划分；在第 3 层则以花瓣长度值作为决策条件，以此类推直到节点的样本纯度不能再进一步降低为止。当然我们在模型定义时，可以通过调整参数，控制决策树层数，以降低模型的复杂度。

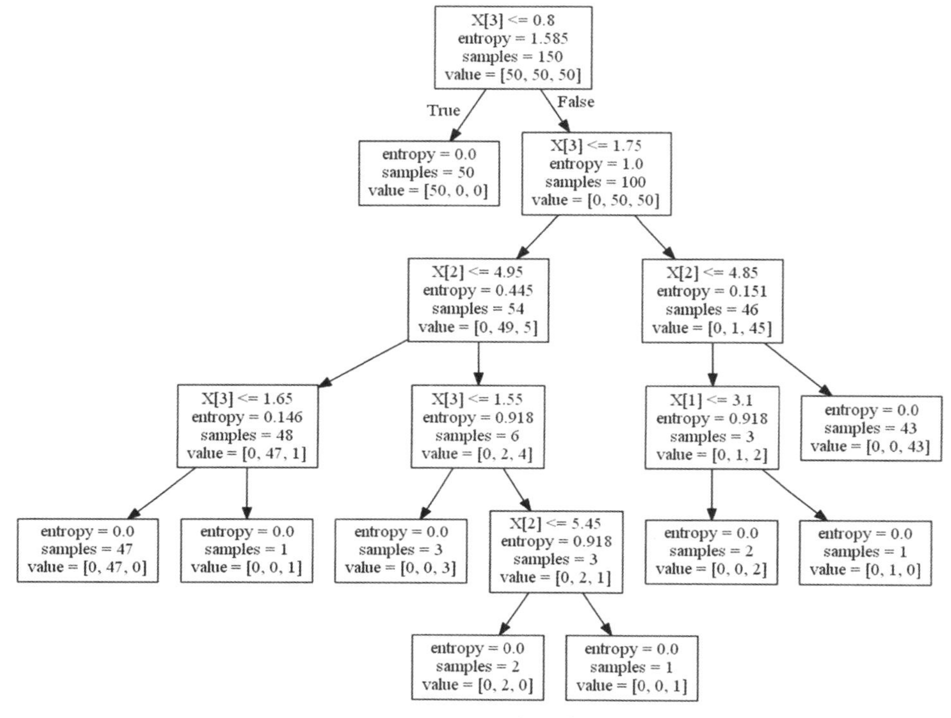

图 13.4 iris 分类决策树

另外，通过模型对象的 feature_importances_属性可以查看样本的特征在决策树分类中的重要性程度。petal width 的权值为 0.911，是最重要的决策特征，其次为 petal length 和 sepal length，而 sepal width 在决策中不发挥作用。

```
    print(dtree.feature_importances_)
output:
[ 0.012    0.   0.078   0.911]
```

13.3 随机森林分类算法

13.3.1 集成学习

在介绍随机森林分类算法之前，有必要先了解什么是集成学习（ensemble

learning)。与前面学习的机器学习算法存在显著的不同,集成学习算法本身并不是一个单独的机器学习算法,而是构建某种集成策略将多个学习器模型结合起来,完成某项学习任务。在决策实践中,人们经常通过开会投票的方式制定更好的决策,集成学习的原理与此类似。如图 13.5 所示,先通过数据样本产生一组学习器,这些单个的学习器称为基学习器。如果基学习器都来自同种类型的学习算法,这样的集成称为“同质集成”;如果基学习器是通过不同类型的学习算法训练所得,则称为“异质集成”。

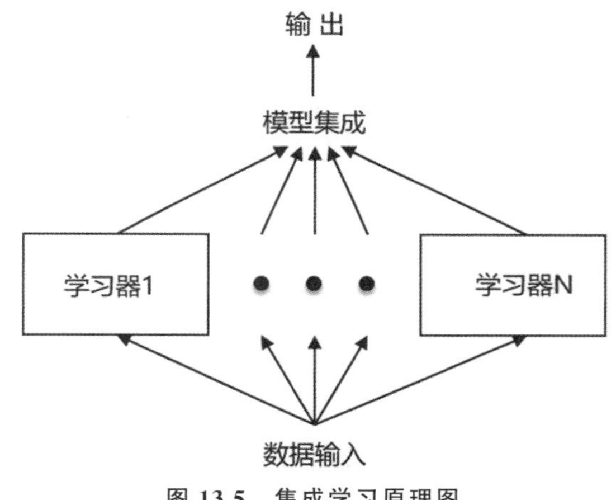

图 13.5　集成学习原理图

严格地说,集成学习并不是一种机器学习的算法,而更像是一种优化方法,而且其思想非常简单,就是通过将多个学习器集成,以获得比单一学习器更好的性能。虽然集成学习的思想简单,但在机器学习实践中却是非常行之有效的方法。

按照基学习器之间关联方式的不同,目前集成学习算法主要分为两类:

(1) 串行集成方法:基学习器按照顺序生成,通过对之前训练中错误标记的样本赋以较高的权重,以提高整体的预测效果。串行集成方法中的基学习器之间存在强依赖关系,其最有代表性的算法是 Boosting 算法。

(2) 并行集成方法:基础学习器并行生成,利用基础学习器之间的独立性,通过投票或平均的方式提升模型的泛化性能。并行集成方法中的基学习器之间不存在强依赖关系。这类集成方法中最有代表性的方法是 Bagging 算法和随机森林(Random Forest)算法。本章将重点介绍随机森林算法的原理与应用。

一个值得思考的问题是,为什么集成学习算法在实践中能够提升学习性能?学者 Thomas 在他的文章 *Ensemble Methods in Machine Learning* 中给出了解释,要理解他的解释还需要回到第 11 章给出的机器学习的数学定义(见图 11.1 机器学习数学定义)。该定义指出机器学习是要从假设集 H 中找出与“上帝函数”f 最接近的函数 g。而在实际的模型训练中可能存在三种情况影响模型的性能,如图 13.6 所示。

(1) 由于训练集样本数量不够大,造成了在假设集 H 上存在多个备选函数,如图 13.6 所示的 h_1, h_2, h_3, h_4,它们具有相似的性能,如果单独使用某一个模型的训练结果,如 h_1 作为输出,很有可能偏离函数 f,而对多个性能相似的结果投票或求平均,则有很大的可能性使得最终的输出函数 h 更加接近函数 f。

(2) 由于机器学习算法在模型的实际训练计算中,大多采用梯度下降法去寻找某一训练样本集下近似最优的函数 h,但由于梯度下降法的局限性,导致找出的函数 h 可能只是局部最优的结果,从而偏离了函数 f,而对多个模型训练的结果进行集成,则可以大大降低局部最优的风险。

(3) 在模型训练中,完全存在“上帝函数”f 根本就不在假设集 H 中的可能,而通过对多个模型进行集成,特别是基于不同学习算法的“异质集成”方法,实质上放大了假设集 H,从而降低了这种情况出现的概率。

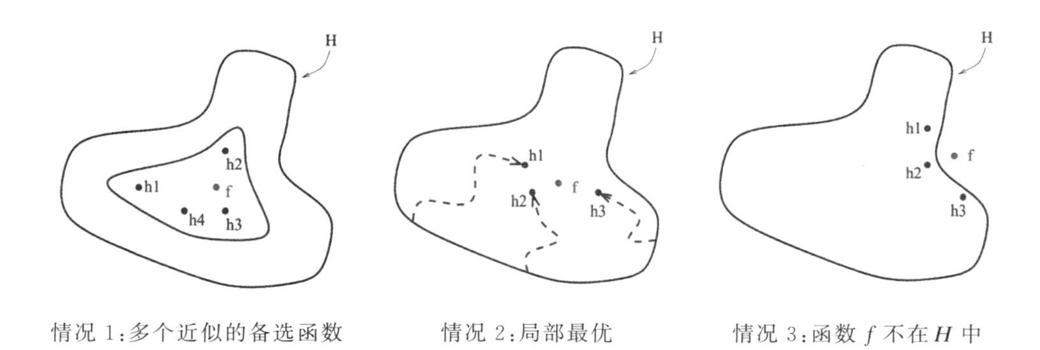

图 13.6 集成学习的有效性解释

13.3.2 随机森林算法原理

随机森林是将多棵决策树进行集成的一种同质的并行集成学习算法。它的基学习器是决策树。从随机森林算法的名字可以获得两个关键字:一个是“随机”,一个是“森林”。“森林”很容易理解,它指的是多棵决策树的集成;“随机”则是随机森林算法的最大特点,它指的是在训练每棵决策树基模型时,随机选取样本的特征属性。

要理解随机森林算法的原理,需掌握以下几点:

1. 采用自助采样法采集训练样本

并行集成学习算法需要基学习器之间尽量相互独立，要实现这一条件的一个简单易行的方法是对训练样本进行采样，从而产生多个不同的训练样本子集，再用不同的训练样本训练基学习器。随机森林算法和 Bagging 算法的共同点就是都采用“自助采样”法来划分基学习器的训练样本。

自助采样法的原理是，在包含 N 个样本的数据集 D 中，每次有放回地随机复制一个样本到数据集 D' 中，这样复制的样本在下一次的样本采集中仍有可能被采集到，重复 N 次这样有放回的随机复制操作，将得到一个包含 N 个样本的数据集 D'，D' 就是自助采样法的采样结果。因为是有放回的重复采样，数据集 D 中的某些样本可能在 D' 中出现多次，而某些样本则可能一次也不出现。自助采样法的优点在于每个基学习器的训练样本数量和总样本数量相同，这保证了基学习器的性能；而每个基学习器的训练样本又是通过有放回的随机抽样得到，这保证了每个基学习器的独立性。

2. 每棵决策树随机选择属性

随机森林算法与决策树算法最大的不同点在于，决策树模型训练过程中，训练样本的所有特征属性全部参与属性划分，在每个决策节点选择纯度最高的一个属性划分。而随机森林算法在每棵树的训练过程中，只是随机地从样本属性集合中选择 k 个特征属性组成新的特征属性组合，在新的特征属性组合的基础上选择一个纯度最高的特征属性划分。

3. 集成策略

与其他的集成学习算法相同，如果将随机森林用于分类任务，则采用投票法将得票最多的分类标签作为模型最终的输出结果；如果用于回归任务，则将所有基学习器的输出以求平均的方式作为模型最终的输出。

可见随机森林算法提升模型泛化性能的途径主要有三个：一是通过自助采样法增加模型训练过程中的样本的多样性；二是在基学习器训练中通过随机选择决策属性的方式增加属性的多样性；三是通过集成的方式将独立多样的基学习器输出进行集成。

13.3.3　随机森林算法实现

与其他分类算法相同，sklearn 提供了随机森林分类函数 RandomForestClassifier，其标准格式和常用参数如下：

```
RandomForestClassifier(n_estimators, criterion, max_depth, max_
features, bootstrap, andom_statee)
```

参数 criterion、max_depth、max_features、andom_statee 与决策树模型函数 DecisionTreeClassifier 的含义相同，用于指定每棵树的参数设置，详情见13.2.2节对决策树模型函数的解释。与决策树模型函数不同的是，随机森林模型函数还包含 n_estimators、bootstrap 这两个参数。

(1) n_estimators：类型为整型，默认值为 10，指定森林里决策树的棵数。

(2) max_features：参数可选项与决策树模型函数相同，但在随机森林中的默认值为"auto"，即默认参与特征划分的最大特征数为总特征数的平方根，而不是决策树模型中默认的所有特征全部参与划分。

(3) bootstrap：布尔型，默认值为 True，指定建立决策树时，是否使用 bootstrap 抽样方法。

在 iris 数据集上训练决随机森林模型，示例代码如下：

```
    from sklearn.ensemble import RandomForestClassifier
    from sklearn.datasets import load_iris
    from sklearn.metrics import accuracy_score
    #导入数据
    iris = load_iris()
    #定义模型训练模型
    rf = RandomForestClassifier(n_estimators = 100, criterion = 
'entropy',random_state = 1)
    rf.fit(iris.data,iris.target)
    #预测
    rfpredict = rf.predict(iris.data)
    #评估模型精度
    accuracy_score(iris.target,rfpredict)
    #显示决策特征的重要程度
    print(rf.feature_importances_)
output:
[0.12103887  0.02612277  0.41833763  0.43450073]
```

定义训练模型时，在 RandomForestClassifier()函数中指定随机森林由 100 棵决策树集合而成，每棵决策树采用信息熵指标判断节点纯度，每棵决策树随机选取参与模型训练的特征数为总特征数的平方根，最终模型预测精度为 1.0。该随机森林模型输出的决策特征的重要程度为 100 棵决策树的均值。

习题

1. 如表 13.2 所示，二维空间中存在以下 7 个样本点，每个点都具有自己的类型标签。请分别用 KNN(K=1)与 KNN(K=3)模型计算测试样本(0.2,0.2)的类型。

表 13.2 样本观测值

x	y	类型
0	0	A
0.5	1	A
0.5	−0.5	B
1	0	A
1.5	−0.5	A
0	0.5	B
0	−0.5	B

2. 如表 13.3 所示，二维空间中存在以下 5 个样本点，绘图说明，如何利用 KNN(K=2)模型计算 $x_0=0.5$ 对应的 y_0 的值。

表 13.3 样本观测值

x	−2	−2	0	1	2
y	−2.5	−1.0	0.5	1.5	2.8

3. 使用表 13.4 所示的数据集，手绘一棵决策树，通过属性 x、y 预测类型标签，请写明计算过程。

表 13.4 样本观测值

x	y	类型
L	F	F
L	T	T

（续表）

x	y	类型
M	F	F
M	T	T
H	F	T
H	T	T

4. 试分析决策树分类算法与随机森林分类算法的原理，以及这两种算法的联系。

5. 请解释自助采样法（bootstrap sampling）进行样本划分的原理。

6. 下载“皮马印第安人糖尿病”数据集文件 pima-indians-diabetes.csv，在该数据集上首先建立 KNN 模型，找到分类准确率最高的 K 值。再在该数据集上建立决策树模型与随机森林模型，并计算分类准确率。

7. 下载银行信用卡审核数据集文件 bank-credit.csv，进行必要的数据处理后，建立决策树模型，预测银行是否通过客户的信用卡审批，并绘制决策树图。

第 14 章

分类模型的评估

在本书所有学习算法的实例中，我们在模型的性能评估中都默认做了 3 个处理，分别是：①对同一样本集既做模型训练又做模型测试，但是这种同一数据既做教练又做裁判合适吗？②采用分类准确率指标作为判断模型泛化性能的唯一指标，准确率能够适合所有的学习任务吗？③在分类判定时，无一例外地都将测试样本划分到概率较大的那种类型中，也就是说将分类概率 0.5 作为分类阈值，会不会存在其他的分类阈值反而使得模型的泛化性能更好呢？

为了回答以上模型评估中存在的问题，本章将重点讲解以下几点：

■模型评估中训练样本与测试样本如何划分？

■除了分类准确率之外，还有哪些方法可以评价模型性能？

■如何综合反映不同分类阈值下模型的性能？

14.1 训练与测试样本

在前两章中我们分别用逻辑回归、KNN、决策树、随机森林算法，针对 iris 数据集训练了分类模型。在这 4 个实验中，无一例外地都采用所有样本观察值作为训练数据集的训练模型，同时使用所有样本观察值作为测试数据集来计算分类的准确率。其中逻辑回归模型的分类准确率为 0.96，当 K=1 时，KNN 的分类准确率为 1，决策树与随机森林模型的分类准确率也均为 1。看似这 4 种算法在 iris 数据集上的分类准确率都非常高，但这种观察样本既做训练数据集，又做测试数据集的模型评估方法是否合理？答案显然是否定的。

试想老师出了一套 20 道题目的作业，让学生掌握某个知识点，回到课堂后又用 20 道相同的题目来检验学生对这个知识点的掌握程度。显然在测试中得高分的同学，只能说明记住了这 20 道题目的答案，并不能说明他们掌握了老师讲解的知识点。如果把这套20道题目的作业看作训练样本，把测试题目看作测试样本，把学生看作输出的模型，如果测试样本与训练样本相同，这样将会得到过于“乐观”的测试结果。

机器学习的目的是找到能够在某个任务上“举一反三”、泛化性能强的模型。这样的模型能够在样本外的观察值中获得较好的预测效果。但是训练样本与测试样本的重合，将造成模型的“过拟合”(overfit)。如图14.1所示，为了追求训练样本上最大程度的分类精度，将训练出如图14.1(b)所示的极其复杂的分类模型，这样的模型并不能很好地反映该分类问题的规律，虽然在训练集上有较好的测试结果，但可以想象其在训练外样本上并不能得到理想的测试结果。而图14.1(a)的分类模型虽然相对简单，而且在训练集上的准确率低于图14.1(b)的模型，但其忽略了训练集上的一些噪声样本，更能反映该分类问题的类型规律。

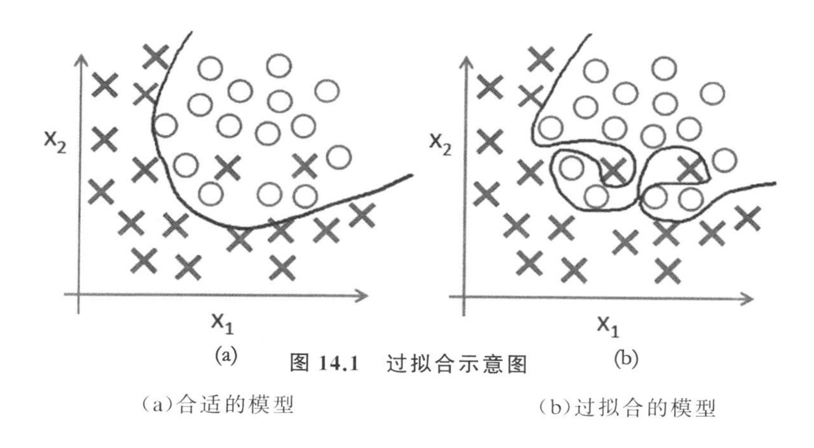

图14.1 过拟合示意图

(a)合适的模型　　　　(b)过拟合的模型

不难理解“过拟合”指的是在机器学习中，提高了模型在训练数据集上的性能，但在测试数据集上的性能表现反而下降的现象。为了避免模型训练中的“过拟合”问题，其中一种重要的手段是尽量使测试样本与训练样本分开，测试样本尽量不在训练样本中使用。本节将介绍两种常用的样本划分方法：留出法(hold-out)与K-fold交叉验证法。

14.1.1 留出法

留出法(hold-out)是指将整个样本数据集划分为不存在交集的两部分，一部分作为训练模型使用，称为训练集；一部分作为评估模型使用，称为测试集。需要注意的是，使用留出法划分样本集时，应随机划分样本，尽量保持训练集和测试集中样本分布的一致性。

由于样本划分的不同,可能造成评估结果的不同。因此,在采用留出法评估模型性能时,通常采用多次随机划分,通过对多次测试结果求平均值的方式评估模型。

另外,训练集和测试集划分的样本比例为多少,也是留出法需要考虑的一个问题。如果训练集比例过大,会造成评估结果不够稳定;而训练集过小,又会造成训练出的模型与真实的模型存在较大差距。根据经验,一般将样本集的 20% 到 30%划分为测试集。

接下来,我们采用留出法,比较逻辑回归、KNN、决策树、随机森林这四种分类模型在 iris 数据集上的分类准确率,其实现步骤如下:

1. 划分数据集

根据留出法原理,按比例随机地将样本集划分为训练数据集和测试数据集。sklearn 下的 cross_validation 库专门提供了 train_test_split 函数实现样本集合的划分。该函数的标准格式和常用参数如下:

```
train_test_split(train_data,train_target,test_size, random_state)
```

该函数将同时返回 4 个 array 类型的变量,这 4 个变量按顺序分别为 X_train(训练数据集特征值), X_test(测试数据集特征值), y_train(训练数据集目标值), y_test(测试数据集目标值)。

(1) train_data:array 类型,指定所要划分样本集的特征数据。

(2) train_target:array 类型,指定所要划分样本集的目标数据。

(3) test_size:小于 1 的实数,指定测试数据集在总样本中的占比。

(4) random_state:整型,指定划分样本的随机种子。

通过 train_test_split 划分 iris 数据集的示例代码如下:

```
from sklearn.cross_validation import train_test_split
from sklearn import metrics
X_train, X_test, y_train, y_test = train_test_split(iris.data, iris.target, test_size = 0.3, random_state = 6)
```

2. 为 KNN 模型找到最优的 K 值

由于 KNN 分类模型的 K 值(最近邻数量)会直接影响分类的准确率,因此,首先采用留出法找到分类准确率最高的 K 值。

```
from sklearn.neighbors import KNeighborsClassifier
import matplotlib.pyplot as plt
k_range = list(range(1, 26))          # 指定 K 的范围为 1～25
scores = []
for k in k_range:
    knn = KNeighborsClassifier(n_neighbors = k)
    knn.fit(X_train, y_train)          # 采用训练集训练模型
    y_pred = knn.predict(X_test)       # 预测测试集上 X_test 的分类值
    scores.append(metrics.accuracy_score(y_test, y_pred))   # 在测
试集上评价准确率
%matplotlib inline          # 绘制不同 K 值的准确率曲线
plt.plot(k_range, scores)
plt.xlabel('Value of K for KNN')
plt.ylabel('Testing Accuracy')
```

如图 14.2 所示,K=5 是准确率最高的最小 K 值,因此通过留出法测试发现在所有 KNN 模型中,KNN(K=5)的分类准确率最优,其值为 0.98。

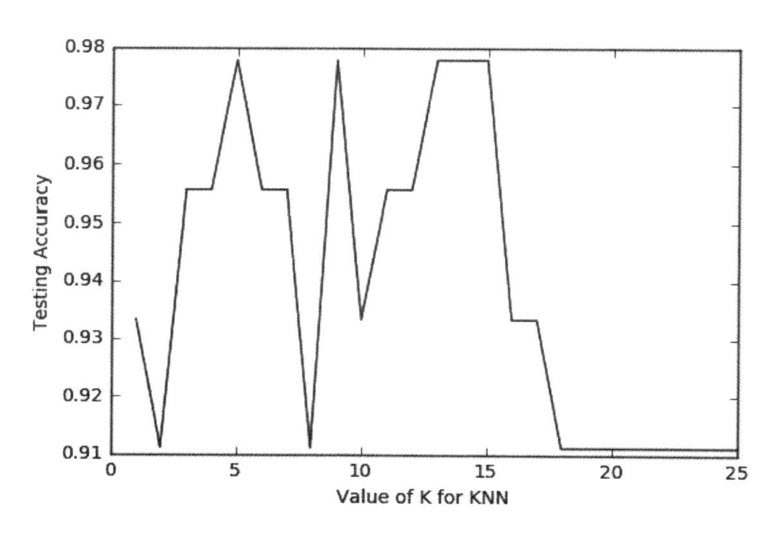

图 14.2 KNN 算法不同 K 值的准确率曲线

3. 比较逻辑回归、决策树和随机森林的准确率

训练逻辑回归模型，并通过测试集数据计算分类准确率：

```
   from sklearn.linear_model import LogisticRegression
   logreg = LogisticRegression()
   logreg.fit(X_train, y_train)
   y_pred = logreg.predict(X_test)
   print(metrics.accuracy_score(y_test, y_pred))
out:
0.98
```

训练决策树模型，并通过测试集数据计算分类准确率：

```
   from sklearn import tree
   dtree = tree.DecisionTreeClassifier(criterion = 'entropy')
   dtree.fit(X_train, y_train)
   y_pred = dtree.predict(X_test)
   print(metrics.accuracy_score(y_test, y_pred))
out:
0.96
```

训练随机森林模型，并通过测试集数据计算分类准确率：

```
   from sklearn.ensemble import RandomForestClassifier
   rf = RandomForestClassifier ( n _ estimators = 100, criterion =
'entropy',random_state = 1)
   rf.fit(X_train, y_train)
   y_pred = rf.predict(X_test)
   print(metrics.accuracy_score(y_test, y_pred))
out:
0.93
```

采用留出法训练的 4 个模型中，逻辑回归模型和 KNN（K＝5）模型的准确率均为 0.98，决策树的准确率为 0.96，随机森林的准确率为 0.93。这与前面不划分训练集与测试集所训练的模型的测试结果并不相同。

14.1.2 K-fold 交叉验证法

留出法虽然做到了训练样本与测试样本的彻底分离，但是毕竟从整个样本集中抽取了 20% 到 30% 作为测试数据集，从而减少了训练集的数据量。这在一定测度上将造成训练出的模型与真实模型的偏离，这在样本数量本来就少的情况下尤为明显。

为了解决这一问题，人们又提出了 K-fold 交叉验证法。K-fold 交叉验证(cross validation)将样本数据集切割为大小相同的 K 份，每一轮测试依次使用其中的 1 份数据集作为测试集，剩余的 K－1 份数据集作为训练集。如图14.3所示，迭代 K 轮测试后，将 K 个测试结果求算术平均，该平均值作为模型的最终测试结果。

交叉验证法使用的训练集只比整个观察样本数据集少 1 份，这就使得其训练出的模型与使用整个观察样本数据集训练出的模型近似。同时，每一轮的测试数据集又与训练数据集互斥，这使得交叉验证法训练出的模型，既能保证较高的准确性，又能保持较高的泛化能力。但在数据集较大时，由于需要进行 K 轮训练，交叉验证法的时间和计算开销会比较大，这也是交叉验证的一大缺点。

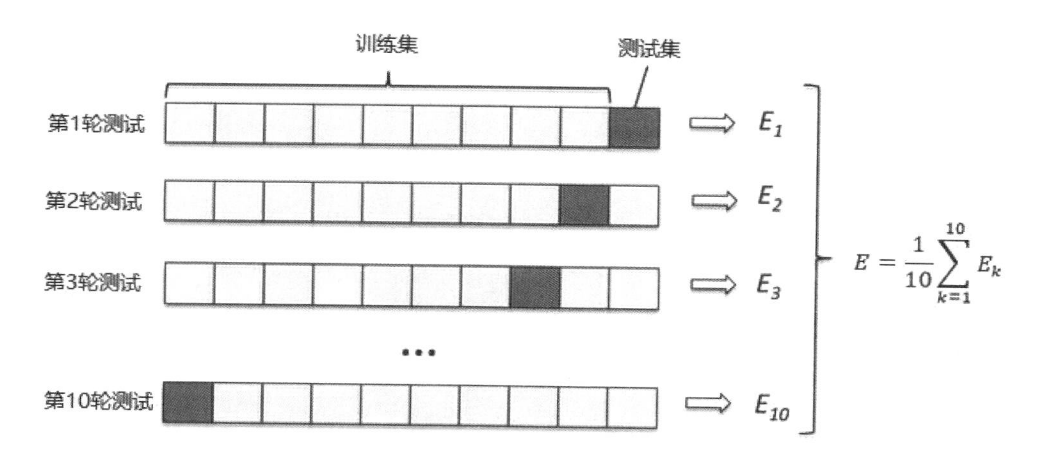

图 14.3 10-fold 交叉验证原理

在 sklearn 库的 cross_validation 模块中专门提供了一个交叉验证测试评分函数 cross_val_score，通过该函数可以方便地得到每一轮交叉验证的测试评分。cross_val_score 的主要参数格式如下：

```
cross_val_score(estimator, X, y = None, scoring = None, cv = None)
```

返回值为交叉验证求平均后的测试分数，该函数返回的测试分数不仅为分类准确率(accuracy)，还包括其他的测试指标，详情如表 14.1 所示。

（1）X：包含所有特征数据的观察样本数据集。

（2）y：包含所有分类目标值的观察样本数据集。

（3）estimator：指定分类器模型对象。

（4）cv：整型，指定 K-fold 交叉验证的划分样本的份数。

（5）scoring：字符串类型，指定测试的评价指标，其具体的评价指标以及在 sklearn 中的对应函数与适应的模型类型如表 14.1 所示。

表 14.1　scoring 参数表

参数值	适合的模型类型	对应的函数名
accuracy	分类模型	sklearn.metrics.accuracy_score
average_precision		sklearn.metrics.average_precision_score
f1		sklearn.metrics.f1_score
precision		sklearn.metrics.precision_score
recall		sklearn.metrics.recall_score
roc_auc		sklearn.metrics.roc_auc_score
mean_squared_error	回归模型	sklearn.metrics.mean_squared_error
r2		sklearn.metrics.r2_score
adjusted_rand_score	聚类模型	sklearn.metrics.adjusted_rand_score

采用交叉验证法，测试 KNN、逻辑回归、决策树和随机森林这四种分类模型在 iris 数据集上的分类准确率的实现步骤如下：

1. 为 KNN 模型找到最优的 K 值

```
from sklearn.cross_validation import cross_val_score
import matplotlib.pyplot as plt
k_range = list(range(1, 26))          # 指定 K 的范围为 1-25
scores = []
for k in k_range:
    knn = KNeighborsClassifier(n_neighbors = k)   # 定义参数为 k 的
KNN 模型
```

```
        scores = cross_val_score(knn, iris.data, iris.target, cv = 10,
scoring = 'accuracy')
        k_scores.append(scores.mean())        # 交叉验证的平均分存入 k
_scores
    % matplotlib inline              # 绘制不同 K 值的准确率曲线
    plt.plot(k_range, k_scores)
    plt.xlabel('Value of K for KNN')
    plt.ylabel('Cross-Validated Accuracy')
```

如图 14.4 所示，K＝13 是准确率最高的最小 K 值，因此通过交叉验证法测试发现，所有 KNN 模型中，KNN（K＝13）最优，其准确率为 0.98。

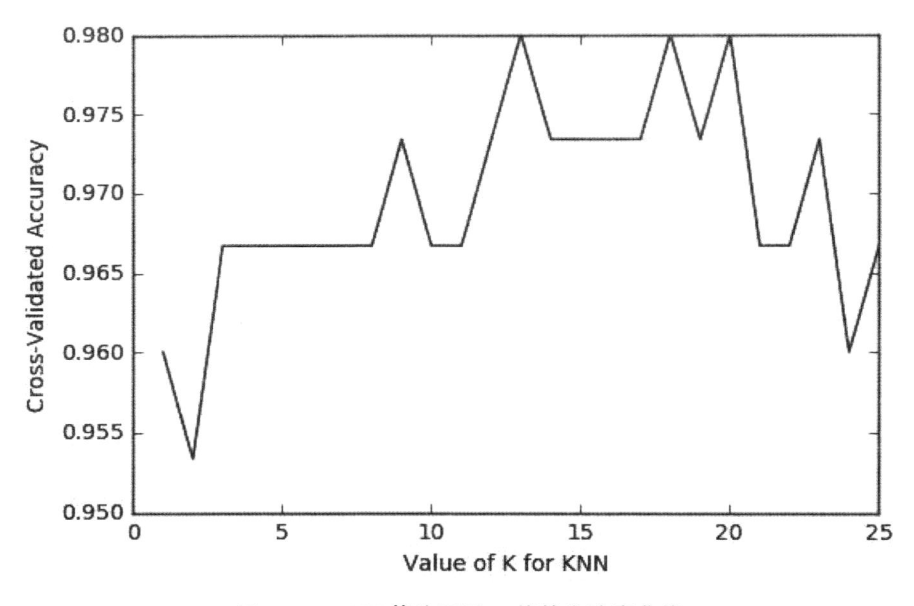

图 14.4　KNN 算法不同 K 值的准确率曲线

2. 比较逻辑回归、决策树和随机森林的准确率

```
    logreg = LogisticRegression()
    scores = cross_val_score(logreg, iris.data, iris.target, cv = 10,
scoring = 'accuracy')
    print(scores.mean())
    dtree = tree.DecisionTreeClassifier(criterion = 'entropy')
```

```
scores = cross_val_score(dtree, iris.data, iris.target, cv = 10,
scoring = 'accuracy')
print(scores.mean())
rf = RandomForestClassifier (n_estimators = 100, criterion =
'entropy',random_state = 1)
scores = cross_val_score(rf, iris.data, iris.target, cv = 10,
scoring = 'accuracy')
print(scores.mean())
out:
0.95
0.95
0.97
```

采用交叉验证法训练的 4 个模型中，KNN(K=13)模型的准确率均为0.98，逻辑回归的准确率为 0.95，决策树的准确率为 0.95，随机森林的准确率为 0.97。

14.2　性能评价指标

在上一节中我们了解了可以通过留出法和交叉验证法来划分样本进行模型验证，从而避免训练集和测试集样本重合引发的模型过拟合问题。但是无论是哪一种样本划分方法，我们在分类模型的性能度量(performance measure)中，都无一例外地使用了准确率这一指标。

准确率指的是给定的测试数据集，分类器正确分类的样本数与总样本数之比。例如在一个糖尿病病人的观察样本中，有 90 人为非糖尿病人，10 人为糖尿病人，在这 100 个人中，分类器模型预测对了 92 人(包括 90 个非糖尿病人和 2 个糖尿病人)，因此，该分类器模型的准确率为 0.92。在这个例子中，虽然该分类器的准确率达到了 92%，其中非糖尿病人全都预测正确，但是最重要的糖尿病人预测的正确率却只有 20%。

对模型泛化性能的评价，不仅需要科学有效的实验方法，还需要能够有效评价模型泛化性能的评价指标。在不同的机器学习任务中，有着不同任务需求，因此评价具体模型性能的指标也应因具体任务而不同。

14.2.1 混淆矩阵

准确率这个指标虽然非常容易理解，但是该指标并不能完全反映样本的分布情况，也不能告诉建模者分类器到底犯了什么样的分类错误。为了解决这一问题，混淆矩阵（confusion matrix）这一概念应运而生，其目的是告诉建模人员不同类型分类的正误数量。

接下来我们以经典的“皮马印第安人糖尿病”这个二分类问题的数据集为例，通过留出法划分训练和测试样本集，在训练集上训练逻辑回归模型，并在测试集上计算该模型的混淆矩阵，实现步骤如下：

首先，导入本地数据集文件“pima-indians-diabetes.csv”：

```
#导入本地 csv 数据集
import pandas as pd
file = "pima-indians-diabetes.csv"
diabetes = pd.read_csv(file, header = 0, names = col_names)
feature _ cols = ['pregnant', 'glucose', 'bp', 'skin', 'insulin', 'bmi', 'pedigree', 'age']
X = diabetes[feature_cols]      #自变量特征
y = diabetes.label              #因变量特征
diabetes.head()                 #显示皮马数据集前 5 条记录
```

显示该数据集的前 5 条记录，如图 14.5 所示。该数据集共包含 768 条记录，共 9 个维度，其中 label 属性为分类目标值。数据集中 268 条记录的 label 值等于 1 为糖尿病患者，500 人为非糖尿病患者。

	pregnant	glucose	bp	skin	insulin	bmi	pedigree	age	label
0	6	148	72	35	0	33.6	0.627	50	1
1	1	85	66	29	0	26.6	0.351	31	0
2	8	183	64	0	0	23.3	0.672	32	1
3	1	89	66	23	94	28.1	0.167	21	0
4	0	137	40	35	168	43.1	2.288	33	1

图 14.5 pima-indians-diabetes 数据集样例

采用留出法划分训练集与测试集，并训练逻辑回归模型：

```
    from sklearn.cross_validation import train_test_split
    from sklearn.linear_model import LogisticRegression
    X_train,X_test,y_train,y_test = train_test_split(X, y, random_
state = 0,test_size = 0.3)
    logreg = LogisticRegression()
    logreg.fit(X_train, y_train)
```

根据测试集数据，预测分类，计算准确率：

```
    y_pred = logreg.predict(X_test)
    print(metrics.accuracy_score(y_test, y_pred))
out:
0.784
```

该逻辑回归模型在完成糖尿病病人诊断任务时的准确率为 0.784。通过准确率指标我们只知道该模型对整个样本中 78.4%的人进行了正确的诊断分类，但并不知道糖尿病人中到底有多少人被诊断出来了，也不知道到底有多少非糖尿病人被误诊为糖尿病人。要解决这一问题就需要借助混淆矩阵。

sklearn 下的 metrics 库专门提供了 confusion_matrix 函数实现混淆矩阵的计算。该函数将返回一个两行两列的 array 类型值，该值表示预测结果的混淆矩阵。函数主要包含两个参数，y_test 为测试集的观察样本的分类目标值，y_pred 为模型在测试集上的分类预测值：

```
    from sklearn import metrics
    print(metrics.confusion_matrix(y_test, y_pred))
out:
[[142  15]
 [ 35  39]]
```

逻辑回归模型在该测试集上预测结果的混淆矩阵如图 14.6 所示，该混淆矩阵的列表示预测值，行表示测试数据集的真实样本值。测试样本共计 231 条记录，其中糖尿病记录为 74 条，非糖尿病记录为 157 条。从混淆矩阵中发现，该逻辑回归模型将 35 个真实的糖尿病人错误地预测为非糖尿病人（False

Negative)；将 39 个真实的糖尿病人正确地预测为糖尿病人(True Positive)；将 142 个非糖尿病人正确地预测为非糖尿病人(True Negative)；将 15 个非糖尿病人错误地预测为糖尿病人(False Positive)。可见该模型虽然准确率达到了 78.4%，但是糖尿病人的识别率只有 52.7%。

	预测值 0	预测值 1
真实值 0	TN 142	FP 15
真实值 1	FN 35	TP 39

图 14.6　diabetes 预测结果的混淆矩阵

混淆矩阵中包含了 4 个非常重要的概念，它们分别是 TP、FP、TN、FN。在二分类问题中，Positive 表示分类标签为 1，Negative 表示分类标签为 0，True 和 False 则表示正确的判定和错误的判定。

(1) TP(True Positive)：表示做出 Positive 的判定，而且判定是正确的。因此，TP 的数值表示正确的 Positive 判定的个数。

(2) FP(False Positive)：表示错误的 Positive 判定的个数。

(3) TN(True Negative)：表示正确的 Negative 判定的个数。

(4) FN(False Negative)：表示错误的 Negative 判定的个数。

14.2.2　查准率、查全率与 F1 指标

除准确率之外，查准率(Precision)、查全率(Recall)、F1 是另外 3 个非常重要的评价模型泛化性能的指标。通过 TP、FP、TN、FN 可以方便地计算这 3 个指标。

(1) 查准率：指的是在所有被预测为 Positive 的结果中，True Positive 的比例。其计算公式为：

$$P=\frac{TP}{TP+FP} \tag{14-1}$$

(2) 查全率：指的是在所有为 Positive 的样本中，模型正确预测的比例。其计算公式为：

$$R=\frac{TP}{TP+FN} \tag{14-2}$$

不难理解，查准率与查全率是一对矛盾的指标，这两个指标在实际应用中很难两者兼顾。还是以糖尿病人的诊断任务为例，如果希望预测的糖尿病人尽可

能准确（提高查准率），这就需要提高筛选标准，但这难免会漏掉一些糖尿病人（降低了查全率）；如果想尽可能多地把糖尿病人都筛选出来（提高查全率），这就需要降低筛选标准，这又难免把一些非糖尿病人预测为糖尿病人（降低了查准率）。

（3）F1 是查全率和查准率的调和平均数，该指标反映查准率和查全率的综合性能。其计算公式为：

$$F1=\frac{2\times P\times R}{P+R} \tag{14-3}$$

前面经常使用的准确率指的是预测正确的样本（包括 TP 和 TN）占总样本的比例。其计算公式为：

$$A=\frac{TP+TN}{TP+TN+FP+FN} \tag{14-4}$$

接下来我们根据本节介绍的公式，分别计算逻辑回归模型在测试集上的查准率、查全率和 F1 指标值：

```
confusion = metrics.confusion_matrix(y_test, y_pred)
TP = confusion[1, 1]
TN = confusion[0, 0]
FP = confusion[0, 1]
FN = confusion[1, 0]
P = TP/float(TP + FP)
R = TP/float(TP + FN)
F1 = 2 * P * R/(P + R)
print(P,R,F1)
out:
0.72  0.53  0.61
```

也可以方便地使用 sklearn.metrics 的 classification_report 函数直接计算这 3 个指标：

```
from sklearn.metrics import classification_report
print(classification_report(y_test, y_pred))
out:
             precision    recall  f1-score   support
          0       0.80      0.90      0.85       157
          1       0.72      0.53      0.61        74
avg / total       0.78      0.78      0.77       231
```

根据 Precision、Recall 和 F1 的定义，这 3 个指标关注的是 Positive 的样本，而 classification_report 函数，不仅计算了 Positive 样本中的指标值，同时还计算了 Negative 样本中的指标值。其中 support 列分别列出了 Positive 和 Negative 的样本数量。

14.3 分类阈值的调整

14.3.1 ROC 曲线

在一个二分类模型中存在正、负两种分类，假设分类阈值为 0.6，即大于这个概率的观察值划归为正类，小于这个概率值则划到负类。如果将阈值增加到 0.4，这样虽然能够识别出更多的正类观察值，提高了取真率 TPR（划分正确的正类占所有正类的比例），但同时也可能将更多的负类观察值错误地识别为正类，即提高了取伪率 FPR（划分错误的正类占所有负类的比例）。ROC 曲线正是通过构图法，反映二分类模型随着分类阈值的变化时 TPR 和 FPR 的表现，通过 ROC 曲线能够反映某个分类器各种分类阈值下的综合性能。其中，$TPR=\frac{TP}{TP+FN}$，$FPR=\frac{FP}{FP+TN}$。

如图 14.7 所示，该 ROC 图中的对角直线表示的是一个完全随机猜测的分类模型，无论分类阈值如何变化，TPR 和 FPR 始终相等。不难发现，稍作训练的分类模型的 ROC 曲线都应在该对角直线的上方，其性能应高于完全随机的分类模型。图 14.7 中 *A*、*B*、*C* 这 3 个点，分别表示同一个分类模型在 3 个不同的分类阈值时，FPR 和 TPR 之间的关系。

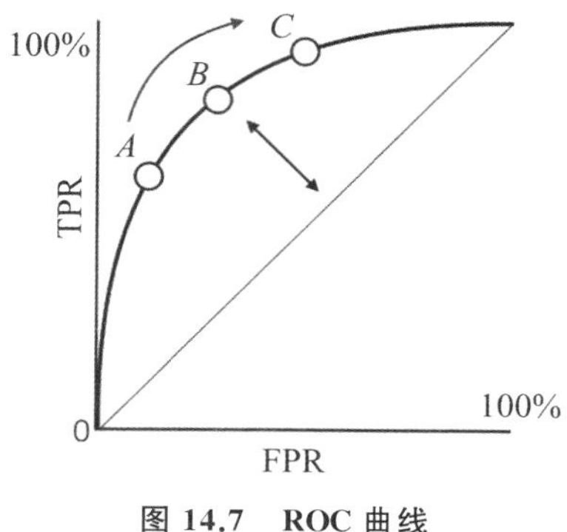

图 14.7　ROC 曲线

接下来通过一个实例来讲解如何绘制二分类模型的 ROC 曲线。前面的章节中我们多次用到模型对象的 predict 函数来预测分类标签，但在绘制 ROC 曲线时需要了解每个观察值属于某个分类的概率。模型对象的 predict_proba 函数，则可以返回每条观察数据的分类概率。在上一节“皮马印第安人糖尿病”数据集的基础上，进一步查看通过训练数据集训练出的逻辑回归模型在测试数据集上预测的分类概率。

```
logreg.predict_proba(X_test)[0:5,:]    #查看前 5 条测试数据的分类概率
out:
  array([[ 0.10920054,  0.89079946],
         [ 0.78985405,  0.21014595],
         [ 0.85940384,  0.14059616],
         [ 0.39127332,  0.60872668],
         [ 0.82582806,  0.17417194]])
```

logreg.predict_proba 函数的参数为测试数据集的特征数据，对于二分类问题将返回一个二维的 array，该 array 的第 0 列为观察值属于标签 0 分类的概率，array 的第 1 列为观察值属于标签 1 分类的概率。

在计算 ROC 曲线时，我们一般使用标签类型为 1 的概率值，因此取该 array 的第 1 列数据赋值给变量 pred_prob。通过 metrics.roc_curve 函数可以方便地返回绘制 ROC 曲线所需的 3 个变量，这 3 个变量分别是：False Positive Rate 、True Positive Rate 和对应的分类概率阈值（threshold）。

```
%matplotlib inline
import matplotlib.pyplot as plt
from sklearn.metrics import roc_curve, auc
pred_prob = logreg.predict_proba(X_test)[:,1]
fpr, tpr, thresholds = metrics.roc_curve(y_test, pred_prob)
plt.plot(fpr, tpr,label = 'ROC curve')
plt.xlim([0.0, 1.0])
plt.ylim([0.0, 1.0])
plt.title('ROC curve for diabetes classifier')
plt.xlabel('False Positive Rate ')
plt.ylabel('True Positive Rate ')
```

```
plt.legend(loc = 'lower right')
plt.grid(True)
```

运行程序分别将 False Positive Rate 、True Positive Rate 和分类的概率阈值,赋值给变量 fpr, tpr, thresholds,绘制的 ROC 曲线如图 14.8 所示。

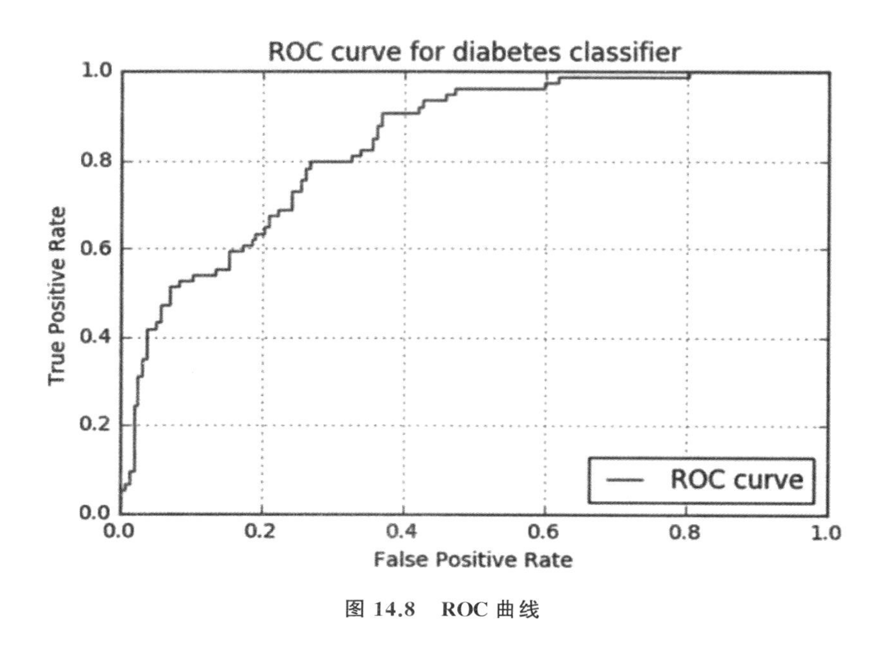

图 14.8 ROC 曲线

通过 ROC 曲线能够直观地表现模型的 FPR 和 TPR 的关系,但并不能看出某个特定分类阈值下的 FPR 和 TPR。执行以下代码可以查看分类阈值为某个特定值时,该分类器的 FPR 和 TPR,假设此时的阈值为 0.5。

```
    print(tpr[thresholds>0.5][-1])
    print(fpr[thresholds >0.5][-1])
out:
0.527027027027
0.0828025477707
```

执行以上代码得到阈值为 0.5 时,该逻辑回归模型的 TPR 为 0.527,FPR 为 0.083。

14.3.2　AUC 指标

在进行分类器比较时，若 A 分类器的 ROC 曲线完全包住了 B 分类器的 ROC 曲线，则可以肯定 A 分类器在不同分类阈值上的综合性能优于 B 分类器，但是如果 2 个模型的 ROC 曲线发生了交叉，则难以判断 2 个模型的性能优劣。此时如果要判断 2 个模型在 TPR 和 FPR 上的性能优劣，则可以借助 AUC 指标。

AUC(Area Under Curve)被定义为 ROC 曲线下的面积。一般情况下，ROC 曲线处于对角线上方，因此 AUC 的取值范围一般在 0.5 和 1 之间。AUC 作为一个数值指标，相对于 ROC 曲线更容易比较多个分类器在不同分类阈值上的综合性能的优劣。

接下来通过 AUC 指标来比较逻辑回归、KNN、决策树、随机森林对“皮马印第安人糖尿病”数据集的分类模型，在不同阈值下的综合性能的优劣。sklearn 下的 metrics 库专门提供了 roc_auc_score 函数用于计算在测试数据集上预测值的 AUC 指标值。

首先，找出 KNN 模型 AUC 最高的 K 值，绘制 K-AUC 曲线图：

```
from sklearn.neighbors import KNeighborsClassifier
k_range = list(range(1, 26))
scores = []
for k in k_range:
    knn = KNeighborsClassifier(n_neighbors = k)
    knn.fit(X_train, y_train)
    pred_prob = knn.predict_proba(X_test)[:,1]
    scores.append(metrics.roc_auc_score(y_test, pred_prob))
import matplotlib.pyplot as plt
# allow plots to appear within the notebook
%matplotlib inline
# plot the relationship between K and testing accuracy
plt.plot(k_range, scores)
plt.xlabel('Value of K for KNN')
plt.ylabel('AUC')
```

如图 14.9 所示，当 K＝15 时，KNN 模型的 AUC 值最高，因此选取 KNN(K＝15)这个在 KNN 中表现最好的模型与其他模型比较。

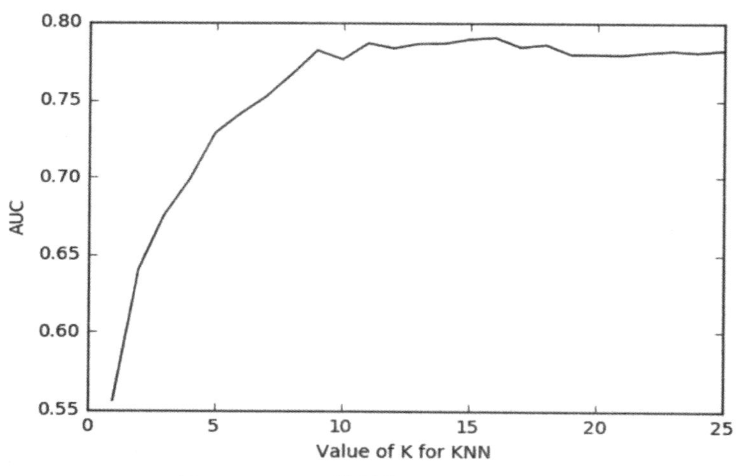

图 14.9　KNN 模型的 K-AUC 曲线图

接下来比较逻辑回归、KNN（K＝15）、决策树、随机森林这 4 个模型的 AUC 值。

```
from sklearn.neighbors import KNeighborsClassifier
from sklearn.linear_model import LogisticRegression
from sklearn import tree
#KNN(15)模型
knn = KNeighborsClassifier(n_neighbors = 15)
knn.fit(X_train, y_train)
pred_prob_knn = knn.predict_proba(X_test)[:,1]
#逻辑回归模型
logreg = LogisticRegression()
logreg.fit(X_train, y_train)
pred_prob_logreg = logreg.predict_proba(X_test)[:,1]
#决策树模型
dtree = tree.DecisionTreeClassifier(criterion = 'entropy')
dtree.fit(X_train, y_train)
pred_prob_dtree = dtree.predict_proba(X_test)[:,1]
#随机森林模型
rf = RandomForestClassifier (n_estimators = 100, criterion = 'entropy',random_state = 1)
```

```
    rf.fit(X_train, y_train)
    pred_prob_rf = rf.predict_proba(X_test)[:,1]
    print(metrics.roc_auc_score(y_test, pred_prob_knn))
    print(metrics.roc_auc_score(y_test, pred_prob_logreg))
    print(metrics.roc_auc_score(y_test, pred_prob_dtree))
    print(metrics.roc_auc_score(y_test, pred_prob_rf))
out:
0.789163367189
0.839042864521
0.681872955758
0.83202788776
```

比较 4 个模型的 AUC 值，其中逻辑回归模型在该数据集上不同分类阈值下的综合性能最佳。

习题

1. 试分析留出法、K-fold 交叉验证法的原理并分别阐述这两种样本划分方法在机器学习中的优势与劣势。

2. 在 iris 数据集上分别采样留出法、K-fold 交叉验证（K＝8）训练逻辑回归模型，并在测试集上计算其分类准确率。

3. 解释混淆矩阵中 TP（True Positive）、FP（False Positive）、TN（True Negative）、FN（False Negative）这 4 个概念的含义。

4. 解释查准率（P）、查全率（R）的含义，并分析查准率、查全率这 2 个概念与取真率（TPR）、取伪率（FPR）这 2 个概念之间的联系。

5. 下载“皮马印第安人糖尿病”数据集文件 pima-indians-diabetes.csv，在 K-fold 交叉验证法（K＝10）的基础上，建立逻辑回归模型，计算该模型分类的查准率（P）、查全率（R）与 F1 指标。

6. 采用留出法（hold-out）划分“皮马印第安人糖尿病”数据集，其中测试集比例为 0.2。在训练集上训练决策树模型，在测试集上自行编写代码（不使用 sklearn 提供的函数）计算该分类模型的 TP（True Positive）、FP（False Positive）、TN（True Negative）、FN（False Negative）、取真率（TPR）、取伪率（FPR）指标的值。

7. 下载银行信用卡审核数据集文件 bank-credit.csv，进行必要的数据处理后，采用留出法划分数据集，其中测试集比例为 0.2。在训练集上训练逻辑回归模型，在测试集上计算该分类模型的分类准确率、查准率、查全率、AUC 指标，并绘制 ROC 曲线。

参考文献

[1] KOTSIANTIS S B, ZAHARAKIS I, PINTELAS P. Supervised machine learning: a review of classification techniques[J]. Emerging artificial intelligence applications in computer engineering, 2007(160): 3 - 24.

[2] THOMAS G. Dietterich. Ensemble methods in machine learning[C]. Proceedings of the First International Workshop on Multiple Classifier Systems, 2000(7):1 - 15.

[3] TOM FAWCETT. An introduction to ROC analysis [J]. Pattern Recognition Letters, 2006(27): 861 - 874.

[4] JANEZ DEMSAR. Statistical comparisons of classifiers over multiple data sets[J]. Journal of Machine Learning Research, 2006(7): 1 - 30.

[5] QUINLAN J R. Induction of decision trees[J]. Machine Learning, 1986, 1(1):81 - 106.

[6] LEO BREIMAN. Random forests[J]. Machine Learning, 2001,45(1): 5 -32.

[7] WES MCKINNEY. Data structures for statistical computing in Python [C]. PROC of the 9th PYTHON IN SCIENCE CONF(SCIPY 2010), 51 -56.

[8] DAVENPORT T H, PATIL D J. Data scientist: the sexiest job of the 21st Century[J]. Harvard business review, 2012:90(5):70 - 76.

[9] GUO P J. Software tools to facilitate research programming[D]. Stanford University, 2012.

[10] 周志华. 机器学习[M]. 北京:清华大学出版社,2016.

[11] 麦金尼. 利用 Python 进行数据分析[M]. 唐学韬,等译.北京:机械工业出版社,2013.

[12] 凯瑟琳·雅姆尔,理查德·劳森. 用 Python 写网络爬虫[M].李斌,译.北京:人民邮电出版社,2018.

[13] 阿曼多·凡丹戈. Python 数据分析[M].韩波,译.北京:人民邮电出版社,2018.